草牧业之

苜蓿生长调控与菌剂调质

◎ 许庆方 闫 敏 李争艳 等 编著

中国农业科学技术出版社

图书在版编目（CIP）数据

草牧业之苜蓿生长调控与菌剂调质／许庆方等编著．--北京：中国农业科学技术出版社，2021.9

ISBN 978-7-5116-5499-1

Ⅰ.①草… Ⅱ.①许… Ⅲ.①紫花苜蓿-栽培技术 Ⅳ.①S551

中国版本图书馆 CIP 数据核字（2021）第 186995 号

责任编辑	陶　莲
责任校对	贾海霞
责任印制	姜义伟　王思文

出 版 者	中国农业科学技术出版社
	北京市中关村南大街 12 号　邮编：100081
电　　话	（010）82106625（编辑室）　（010）82109702（发行部）
	（010）82109709（读者服务部）
传　　真	（010）82106625
网　　址	http://www.castp.cn
经 销 者	各地新华书店
印 刷 者	北京建宏印刷有限公司
开　　本	140 mm×203 mm　1/32
印　　张	7.375
字　　数	219 千字
版　　次	2021 年 9 月第 1 版　2021 年 9 月第 1 次印刷
定　　价	88.00 元

《草牧业之苜蓿生长调控与菌剂调质》
编著者名单

主编著　许庆方　山西农业大学
　　　　　　闫　敏　全国畜牧总站
　　　　　　李争艳　安徽省农业科学院畜牧兽医研究所

参编著（按姓氏拼音排序）
　　　　　　郭继承　北京绿京华生态园林股份有限公司
　　　　　　李金俐　山西农业大学
　　　　　　李　平　中国农业科学院草原研究所
　　　　　　李　岩　安徽省农业科学院畜牧兽医研究所
　　　　　　凌　晓　山西农业大学
　　　　　　邵麟惠　全国畜牧总站
　　　　　　熊　乙　中国农业大学
　　　　　　徐智明　安徽省农业科学院畜牧兽医研究所
　　　　　　尹晓飞　全国畜牧总站
　　　　　　赵恩泽　全国畜牧总站
　　　　　　智　荣　中国农业科学院草原研究所

序　言

主要编著者许庆方于 21 世纪初，投身于先师韩建国教授门下，在玉柱教授和李胜利教授的共同指导下，从事苜蓿青贮发酵调控和青贮饲料饲喂奶牛的科学研究，了解了草牧业的饲草栽培、加工、利用整个产业链，积淀了对草牧业的情怀，开启了草牧业的研究、示范及教学工作。共同编著者长期从事草牧业的管理与服务岗位，在草牧业政策制定、执行、评价等方面积累了相当丰富的经验，从而能够以管理服务部门的视角高度，经常与同行、同编著者沟通交流草牧业的大政方针，鼓励从业者服务于产业需求。为了检验阶段收获，遂决定出版一本相关书籍，以飨读者。

苜蓿为豆科多年生牧草，因其品质优秀，成为了我国主推饲草作物之一，在全世界栽培饲草中占据着重要的地位。地球臭氧层被破坏会导致紫外辐射增强，这种现象对苜蓿生长有何影响？如何减弱苜蓿辐射胁迫？能否筛选具备木质纤维素降解功能的菌株用来提升苜蓿的饲喂价值？能否筛选能够利用氨态氮的酵母菌来提升苜蓿的蛋白质含量？这些问题本书已给出了答案。

全书共分为 4 章，内容包括：从语词到产业的草牧业，外源锌硒对 UV-B 辐射损伤紫花苜蓿幼苗的影响，木质纤维素降解菌的筛选鉴定及降解产物研究，高氨氮利用酵母筛选及其固态发酵苜蓿粉的应用研究。

本书的出版得到了"十三五"国家重点研发计划、公益性

（农业）科研专项、山西省科技攻关、晋中市科技创新载体与平台建设计划等项目的支持，也得到了全国畜牧总站等单位相关人员的大力支持和帮助，奈何才疏学浅，一直在努力，却未能达到理想之高度，如有不当，敬请批评指正。

编著者

2021 年 7 月

目　　录

1 从语词到产业的草牧业

1.1 草牧业语词的提出和产业概念的形成

1.1.1 草牧业语词的提出

众所周知，一个新语词能够为大众熟知，首先需要有人提出，然后经过一定时间的检验，在公开场合下广为流传，才能够达到熟知的程度。在《干旱地区农业研究》1994 年首期刊出时，语词"草牧业"首次出现在公开发表的刊物中，得益于编审同志的大度，没有将这一新鲜语词扼杀在摇篮中。文中认为宁南山区未来发展的曙光，应着眼于草牧业。草牧业包括草业和畜牧业两个方面，其草业的意义超脱于传统的种草养畜概念，除包含该层内容外，更重要的是面向国内国际饲料市场，通过种植优质牧草，加工草粉、草饼等制品，形成宁南独具特色的效益型行业。发展草牧业，改善土地肥力。一方面，控制了水土流失和土地沙化，使土地免遭侵蚀与破坏，能起到保护土地的作用；另一方面，草牧业的发展，能提供大量的有机肥返回土壤，同时通过生物固氮增加土壤养分。发展草牧业，有助于提高系统生产力[1]。

1.1.2 草牧业产业概念的形成

2011 年，中国科学院通过广泛研讨和深入调研，形成了《建立生态草业特区，探索草原牧区发展新模式》的咨询报告，首次提出"草牧业"发展理念[2]。2014 年 10 月，时任国务院副总理汪洋同志主持召开国务院专题会议，研究草业和畜牧业发展问题，特定提出了"发展草牧业"，并且议定了相关的四个议题，要求确立草牧业在国民经济发展中的地位，并把草牧业统计纳入国民经济统计体系。2015 年，《中共中央　国务院关于加大改革创新力度加快农业现代化建设的若干意见》（中发〔2015〕1 号）首次在中央一号文件中出现草牧业。农业部（现"农业农村部"）还出台了《农业部办公厅关于印发促进草牧业发展指导意见的通知》（农办牧〔2016〕22号）的专门性文件。

在 2015 年 5 月刊发的文章中，草学界泰斗任继周院士谈到了对"草牧业"一词的初步理解，认为草牧业核心含义是在 18 亿亩（1 亩≈667m^2，全书同）耕地红线以内可种植玉米、苜蓿等饲用作物，给草业在农耕地区发展开了绿灯，也为农业结构调整提供了新机遇。

随后方精云院士及其团队成员从可持续发展理论出发，对人工草地特色种养结合、天然草原生态保护与旅游文化产业发展的视角，对草牧业的相关产业进行了关系定义。公开的近 200 篇涉及草牧业一词的部门文件、刊发论文、会议报道等资料中，对于草牧业在国民经济中应有的地位、产业特色、相关产业都有了深度或者浅显的解说，从中可以归纳出草牧业概念的内涵、外延及其定义[3-9]。

草牧业概念形成，成为产业之一，也是以经济学的概念提出来。产业是由国民经济中具有同一性质的经济社会活动单元构成的组织结构体系。按照《国民经济行业分类》（GB/T 4754—2017），农、林、牧、渔业（A）中的草种植及割草（018）、畜牧业（03）等，制造业（C）中的饲料加工（132）以及信息传输、软件和信息技术服务业（I），科学研究和技术服务业（M），水利、环境和公共设施管理业（N），这些都直接或间接地与草牧业有关。电子信息产业是国民经济战略性、基础性和先导性支柱产业。草牧业的发展，绝对离不开电子信息产业的支撑，也必然融合电子信息产业的部分功能。草牧业应当聚焦草牧，避免过分扩大内涵（图 1-1，图 1-2）。

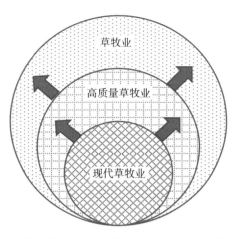

图1-1 现代草牧业、高质量草牧业与草牧业概念内涵

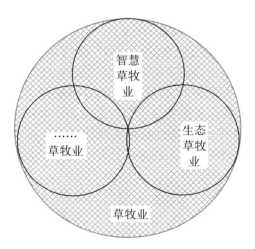

图1-2 限定内涵的草牧业

1.2　草牧业政策

政策是国家政权机关、政党组织和其他社会政治集团为了实现自己所代表的阶级、阶层的利益与意志，以权威形式标准化地规定在一定的历史时期内，应该达到的奋斗目标、遵循的行动原则、完成的明确任务、实行的工作方式、采取的一般步骤和具体措施。为了促进草牧业的发展，从 1983 年开始，农业农村部同地方合作在 28 个省（市、自治区）创办了 43 个现代化草地牧业综合发展示范项目，成功探索了中国式现代草地牧业模式[10]。

1.2.1　草牧业相关政策

截至 2021 年 7 月 1 日，中国共产党现行有效党内法规共 3 615 部。其中，党中央制定的中央党内法规 211 部，中央纪律检查委员会以及党中央工作机关制定的部委党内法规 163 部，省（市、自治区）党委制定的地方党内法规 3 241 部。草牧业政策与完善的党内法规相比，可以说是几乎空白一片，除《农业部办公厅关于印发促进草牧业发展指导意见的通知》，其他专门性的草牧业政策凤毛麟角，产业发展的相关政策和法规远远不够健全。

为了从相关的草地畜牧业、草原畜牧业、畜牧业等政策中，寻觅与草牧业有着千丝万缕关系的支持性政策、法规、制度[10-15]，从管理部分、科研院所、一线业者，对草牧业相关政策的名称、类型、效果等进行了分析评价。

如果在中国知网，分别以主题词"政策"+"草牧业""政策"+"草业""政策"+"畜牧业""政策"+"农业"搜索文献，可以获得以下数据量的文献（图 1-3）。

草牧业政策与草业政策、畜牧业政策相比，分别差十、百的数量级，与农业政策相比，是万级的数量级差别。这显然与全民进入小康，膳食结构调整，饮食品类丰富的物质需求是不相适应的。

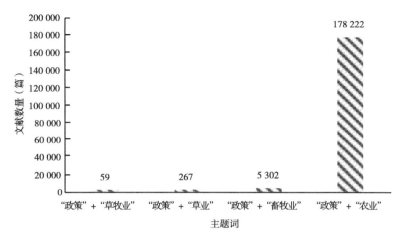

图 1-3　主题词文献数据量

《国务院办公厅关于促进畜牧业高质量发展的意见》（国办发〔2020〕31 号）中，第五条提出"健全饲草料供应体系。因地制宜推行粮改饲，增加青贮玉米种植，提高苜蓿、燕麦草等紧缺饲草自给率，开发利用杂交构树、饲料桑等新饲草资源。推进饲草料专业化生产，加强饲草料加工、流通、配送体系建设。促进秸秆等非粮饲料资源高效利用。建立健全饲料原料营养价值数据库，全面推广饲料精准配方和精细加工技术。加快生物饲料开发应用，研发推广新型安全高效饲料添加剂。调整优化饲料配方结构，促进玉米、豆粕减量替代。"第十八条提出"促进农牧循环发展。加强农牧统筹，将畜牧业作为农业结构调整的重点。农区要推进种养结合，鼓励在规模种植基地周边建设农牧循环型畜禽养殖场（户），促进粪肥还田，加强农副产品饲料化利用。农牧交错带要综合利用饲草、秸秆等资源发展草食畜牧业，加强退化草原生态修复，恢复提升草原生产能力。草原牧区要坚持以草定畜，科学合理利用草原，鼓励发展家庭生态牧场和生态牧业合作社。南方草山草坡地区要加强草地改良和人工草地建植，因地制宜发展牛羊养殖。"这些都是利好草牧业发展的政策。

几乎同一时期《国务院办公厅关于防止耕地"非粮化"稳定粮食生产的意见》（国办发〔2020〕44号）第四条提出"明确耕地利用优先序。对耕地实行特殊保护和用途管制，严格控制耕地转为林地、园地等其他类型农用地。永久基本农田是依法划定的优质耕地，要重点用于发展粮食生产，特别是保障稻谷、小麦、玉米三大谷物的种植面积。一般耕地应主要用于粮食和棉、油、糖、蔬菜等农产品及饲草饲料生产。耕地在优先满足粮食和食用农产品生产基础上，适度用于非食用农产品生产，对市场明显过剩的非食用农产品，要加以引导，防止无序发展。"对饲草种植用地进行了明确的界定。

1.2.2　草牧业政策的完善

习近平总书记在庆祝中国共产党成立100周年大会上庄严宣告，"经过全党全国各族人民持续奋斗，我们实现了第一个百年奋斗目标，在中华大地上全面建成了小康社会，历史性地解决了绝对贫困问题，正在意气风发向着全面建成社会主义现代化强国的第二个百年奋斗目标迈进"。第二个百年奋斗目标是到新中国成立100年时建成富强、民主、文明、和谐、美丽的社会主义现代化强国。草牧业的发展应当也必须助力建成富强民主文明和谐美丽的社会主义现代化强国，为了实现这一宏伟目标，草牧业新政应当有所聚焦。

一是着眼于中国特色社会主义新时代。党的十九大报告指出，中国特色社会主义进入了新时代，我国社会主要矛盾已经转化为人民日益增长的美好生活需要和不平衡不充分的发展之间的矛盾。从需求性质来看，人类需要大致可划分为三个层次。第一层次是物质性需要，指的是保暖、饮食、种族繁衍等生存需要，这是人类最基本的需要。第二层次是社会性需要，它是在物质性需要基础上形成的，主要包括社会安全的需要、社会保障的需要、社会公正的需要等。第三层次是心理性需要，指的是由于心理需求而形成的精神文化需要，比如价值观、伦理道德、民族精神、理想信念、艺术审美、获得尊重、自我实现、追求信仰等。人民新时代饮食消费结构优化、文旅康养体验的强烈需求高涨，亟待草牧业新政完善和强化。

二是服务于高质量发展的需求。2017年，中国共产党第十九次全国代表大会首次提出"高质量发展"表述，表明中国经济由高速增长阶段转向高质量发展阶段。党的十九大报告中提出的"建立健全绿色低碳循环发展的经济体系"为新时代下高质量发展指明了方向，同时也提出了一个极为重要的时代课题。高质量发展根本在于经济的活力、创新力和竞争力。而经济发展的活力、创新力和竞争力都与绿色发展紧密相连，密不可分。离开绿色发展，经济发展便丧失了活水源头而失去了活力；离开绿色发展，经济发展的创新力和竞争力也就失去了根基和依托。绿色发展是我国从速度经济转向高质量发展的重要标志。2020年9月22日，国家主席习近平在第七十五届联合国大会一般性辩论上发表重要讲话，指出要加快形成绿色发展方式和生活方式，建设生态文明和美丽地球。中国将提高国家自主贡献力度，采取更加有力的政策和措施，CO_2排放力争于2030年前达到峰值，努力争取2060年前实现碳中和。2021年3月15日，习近平总书记主持召开中央财经委员会第九次会议并发表重要讲话强调，实现碳达峰、碳中和是一场广泛而深刻的经济社会系统性变革，要把碳达峰、碳中和纳入生态文明建设整体布局，拿出抓铁有痕的劲头，如期实现2030年前碳达峰、2060年前碳中和的目标。多位学者研究表明，草地是我国碳汇的巨大服务者，而家畜利用，尤其是反刍动物是 CO_2 等温室气体的主要贡献者之一。草牧业新政需要聚焦于草牧结合，充分发挥草地碳汇功能，同时努力降低利用环节的碳排放。

三是担当民族复兴的大任。我们中华民族是具有悠久历史和灿烂文化的伟大民族。作为世界上唯一自古延续至今没有中断的文明，中华文明为人类发展做出了重大贡献，曾经在人类文明史上长期处于世界前列，这是中华儿女最引以为自豪的历史光荣。然而工业革命机会的丧失，帝国主义野蛮入侵，使中华民族迅速跌落下去。中国共产党的成立，带领中国人民 100 年来的艰苦卓绝奋斗，使中华民族从积贫积弱、任人宰割的悲惨境地中彻底翻转过来，迎来站起来、富起来、强起来的伟大飞跃。中华民族伟大复兴，既要创造出高度发达的社会主义物质文明，还要创造出高度发达的社会主义政治文明、精神文明、社会文明、生态文明；既要实现国家富强、民族振兴、人民幸福，还要实现祖国的完全统一；既要使中华民族以强健的身姿巍然屹立于世界民族之林，拥有与大国强国地位相称的国际话语权和思想影响力，还要勇敢胜任地担当起大国责任，推动构建人类命运共同体，对人类进步做出更大的贡献。"刍"字始见于商代甲骨文，其古字形像手持断草的样子。本义是割草，引申为割草的人和割下来的草，还可以引申为吃草的牲畜，如牛羊。"牧"字初文见于商代甲骨文，其古字形像手持棍棒驱赶牲畜。本义指放养牲口，引申指放牧的场地、郊外。我们远古先民在草牧业方面曾经积累了丰富的经验，创造了实用的技术，形成了灿烂的文化。为了勇担民族复兴大任，草牧业新政应当促进科技创新，构建草牧业的中国模式，屹立于世界草牧业之林。

如果用一棵树来描绘草牧业，草就像树的根和叶，执行养分吸收合成功能。草加工类似树的茎枝，担当养分输送、支撑的重要作用。花和果是牧，是草牧业发展的终极目标。树，春香，夏荫，秋果，冬薪，但是聚焦的目标应当是果实。为了实现这一目标，法律、法规、政策需要承担起保驾护航的作用。

1.3　草牧业科学研究

科学技术是第一生产力，草牧业高质量发展亟须科技先行，探索创新。皮之不存，毛将焉附。草牧业中，虽说无牧则草之饲用将无意义，但是牧业兴旺，倘若缺失草之基础，何以发展。故而在草牧业中，草牧之皮毛角色，互为基础。草牧业高质量发展，健全饲草供应体系，提升紧缺饲草苜蓿的自给率。

1.3.1 辐射增强

太阳光紫外线辐射 UV-B（Ultraviolet radiation B）的波长280~320nm，又称为中波红斑效应紫外线。紫外线从太空到达地表时，由于平流层臭氧的存在，可以吸收紫外线，对大气有增温作用，同时保护了地球生物。正常情况下，少量紫外线到达地表，有一定的杀菌作用，利于地球生物。但是人类的活动，产生了氯氟烃类化学物质、哈龙类物质、氮氧化物等。这些物质破坏臭氧，使臭氧层中的臭氧减少，致使照射到地面的太阳光紫外线增强。UV-B辐射增强，饲草幼苗会发生氧化损伤[16]，通过外源施肥等可以缓解辐射增强的危害。

1.3.2 木质纤维素

在潮湿处常见的苔藓之所以丛生低矮是由于苔藓植物没有合成用以形成维管束的木质素能力。而形不成维管束，也就没有了长距离运输水分的系统。因此，苔藓只能是几厘米的高度。苜蓿、燕麦、青贮玉米，甚而饲用的构树、桑树，其株高以米为单位，这要归功于木质纤维素的存在。因此，就植物本身而言，木质纤维素对维持形态、保护机体、功能发挥具有重要的作用。对动物而言，少量的木质纤维素，可降解为碳水化合物，提供动物机体能量，或者维护机体健康而发挥益生作用。然而在追求产量、无法及时收获、贮藏进程中，木质纤维素成分增高，限制了自身及其他养分的利用，饲草的木质纤维素生物降解研究备受关注[17]。

1.3.3 高氨氮利用酵母

在早期的研究中，发现苜蓿鲜草的非蛋白氮含量会随着青贮或干草的加工而提升[18]。我国饲料粮每年都维持着相当大的进口比例，尤其是大豆，究其原因是蛋白饲料的短缺。以至于农业农村部出台了《农业农村部畜牧兽医局关于推进玉米豆粕减量替代工作的通知》。苜蓿本身拥有高蛋白的优势，却在饲草加工的过程中，发生蛋白质的降解，降低了蛋白的效能。作为单细胞真核微生物，酵母在发酵糖类的过程中，自身得以增殖。增殖的酵母，可以将氨氮形成富含养分的菌体蛋白，从而为解决蛋白饲料的短缺贡献力量。

参考文献

[1] 贾志宽，王立祥，韩清芳，等.宁南山区农业发展的困境与出路 [J].干旱地区农业研究，1994 (1)：26-33.

[2] 本刊特约评论员.加快发展草牧业，迈进农业新时代 [J].中国科学院院刊，2021，36 (6)：641-642.

[3] 全国畜牧总站.草牧业分析报告 [M].北京：中国农业出版社，2020.

[4] 任继周.我对"草牧业"一词的初步理解 [J].草业科学，2015，32 (5)：710.

[5] 方精云，李凌浩，蒋高明，等.如何理解"草牧业" [J].环境经济，2015 (18)：29.

[6] 方精云，景海春，张文浩，等.论草牧业的理论体系及其实践 [J].科学通报，2018，63 (17)：1619-1631.

[7] 卢欣石.草牧业新内涵与新发展 [R].北京：北京林业大学，2015.

[8] 李新一，孙研.对草牧业的理解与认识 [J].中国草食动物科学，2016，36 (3)：65-69.

[9] 李新一.抓住机遇——迎接挑战——切实做好草牧业发展的技术支撑与服务工作 [J].中国畜牧业，2015 (16)：41-42.

[10]　杨玉洁，王莉.中国草牧业政策体系的框架和内容[J].中国畜牧业，2021（8）：27-30.

[11]　韩成吉，王国刚，朱立志.国外草牧业发展政策及其启示[J].世界农业，2020（1）：49-57.

[12]　赵哲，陈建成，王梦，等.中国生态草牧业政策梳理及评价[J].中国农学通报，2019，35（9）：132-137.

[13]　韩成吉，王加亭，王国刚.基于CiteSpace中国草牧业研究的文献计量分析[J].草业科学，2021，38（5）：976-991.

[14]　李新一，程晨，尹晓飞，等.中外草牧业发展历程、重点与中国草牧业发展措施[J].草原与草业，2020，32（4）：6-13.

[15]　王加亭，闫敏，乔江，等.草原生态补奖政策的实施成效与完善建议[J].中国草地学报，2020，42（4）：8-14.

[16]　杜京旗，麻晓明，王东慧.一氧化氮对 UV-B 辐射增强条件下燕麦幼苗氧化损伤的缓解作用[J].生物资源，2019，41（3）：255-261.

[17]　熊乙，杨富裕，倪奎奎，等.微生物在木质纤维素降解中的应用进展[J].草学，2019（5）：1-7.

[18]　许庆方，韩建国，周禾，等.不同添加剂对拉伸膜裹包苜蓿青贮的影响[J].中国农业科学，2006（7）：1464-1471.

2 外源锌硒对 UV-B 辐射损伤紫花苜蓿幼苗的影响

2.1 前言

2.1.1 紫花苜蓿的研究背景

随着我国畜牧业的快速发展及国民膳食结构的调整，饲料为主的间接消费急剧上升，专家预测在未来的 15 年及相当长的时期内饲料危机将严重威胁我国食物安全[1]，紫花苜蓿将成为不可替代的战略性保障饲草。而与国际生产相比，目前我国苜蓿单位产量较低（一般在 6 000kg/hm²），牧草品质较差（粗蛋白质一般在 15% 以下），总量供应不足，优质苜蓿尤为紧缺。据行业统计，2015 年，全国苜蓿年末保留面积 471.1 万 hm²，产量 3 217 万 t，其中，商品苜蓿种植面积 43.3 万 hm²，比 2010 年增加 21.6 万 hm²；优质苜蓿种植面积 21.3 万 hm²，比 2010 年增加 18 万 hm²；优质苜蓿产量 180 万 t，比 2010 年增长 8.2 倍[2]。2017 年，中国优质苜蓿消费量达到 389.78 万 t，比 2010 年增长 9.4%。其中，国产 250 万 t，进口 139.8 万 t，自给率只有 64%[3]。而根据农业部关于印发《全国草食畜牧业发展规划（2016—2020 年）》的通知，2020 年全国奶类产量需求激增，预计 2020 年全国优质畜产品总需求量达 690 万 t，同比 2015 年增长 0.52 倍，但目前国内畜产品生产总量仅 360 万 t，进口 150 万 t，缺口将扩大至 180 万 t[2]。由此可见，中国草牧业目前正处于高度快速发展阶段，优质进口苜蓿饲料需求非常强劲，我国苜蓿产业面临着严峻的挑战。

紫花苜蓿（*Medicago sativa*，又称苜蓿）是世界广泛种植的一种优质多年生牧草，其营养价值高，生产潜力大，有"牧草之王"的美称[4,5]。目前我国苜蓿的种植面积约 481.1 万 hm^2，随着商品经济的发展，苜蓿产业化规模发展较快，苜蓿的种植面积也在不断扩大。早在 2015 年，我国用于生态建设的苜蓿种植面积已经达到 333.3 万 hm^2，生产利用的种植面积也达到 26.7 万 hm^2 [6]。为更科学地种植苜蓿，提高苜蓿产品的质量和产量，大量的学者对苜蓿进行了关于水分胁迫、盐胁迫等多方面的研究[7,8]，但是对于环境中紫外线的照射损伤这一部分还有待研究。而苜蓿品质的保证需要从幼苗期就开始进行，幼苗的生长受到生长环境的影响较深。由于幼苗的生长需要更为温和的生长环境，所以研究幼苗期的紫花苜蓿对于环境中的一些影响因素，例如干旱、高温、盐碱化、光照、UV-B 辐射以及环境中特定金属元素等对其生长的影响及机制[9-16]，探究苜蓿的抗性物质以及营养物质积累等的原理。

2.1.2 UV-B 的研究背景

紫外线（Ultraviolet，UV）依据其波长的不同，可以分为 3 类：UV-A（315 ~ 400nm）、UV-B（280 ~ 315nm）和 UV-C（100~280nm）。从其对生物的效应来看，UV-A 一般无杀伤力，并且很少被臭氧吸收，属于弱效应波[17]。臭氧可以吸收 90% 左右的 UV-B，但仍有约 10% 的 UV-B 会到达地面，对生物产生一定的影响，属于强效应波。UV-C 是超强效应波，对生物有灭生性效应，但能被大气层吸收，并引起光化学反应产生臭氧。环境问题中，臭氧层破坏导致全球紫外辐射增强，特别是 UV-B 辐射的增强，已成为不争的事实。研究表明地球表面的紫外辐射近些年提高了 6% ~ 14%，未来还将持续增加。当前，相关研究主要集中在增强紫外辐射对植物、藻类、食物链及全球生态系统影响与反馈方面，其中又以植物对 UV-B 辐射增强的响应研究备受关注[18-20]。而根据中国气象局（CMA）1961—2014 年的常规气象站测定，中国北方比中国南部有更多的紫外线辐射，中国西部比中国东部有更多的紫外线辐射，而紫外线辐射在青藏高原最高［0.66MJ／（m² · d）］[21]。而对于同样属于中国的高原地带的山西省，也存在紫外线辐射偏高的地带。

UV–B 辐射对所有生物都有害，尤其是对植物的光合组织，因为植物的生理活动所需的能量来源于光，这就不可避免会受到 UV–B 辐射的伤害。UV–B 辐射可直接损伤关键蛋白、酶和 DNA，使参与生物分子光合作用的光量子减少，间接损伤植物 SP Ⅰ 和 SP Ⅱ[22,23]，导致植物的生长和生存受到严重影响。在光合电子链传递到氧化过程中，电子泄漏和色素（叶绿素、生物蛋白酚类物质）光动力反应可增加生物组织中活性氧的形成，加剧氧化胁迫、损伤 DNA、抑制光合作用、使光合色素褪色、减弱金属元素的作用效应等[24-26]。

如图 2-1 所示，植物中的各种物质成分都会受到 UV–B 的影响，但各个组分对 UV–B 辐射的敏感度不同。强化的 UV–B 辐射作为一般应激源，对植物的各种生理生化过程也是不同的，有研究表

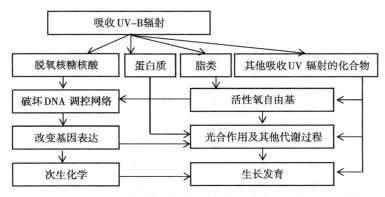

图 2-1　UV-B 辐射增强对生物个体的危害过程与作用机制[27]

明，13～14kJ/m² UV-B 引起植株矮化、叶片卷曲以及增厚；14.9～15.9kJ/m² UV-B 则会引起植物各类光合色素、蛋白质等的减少，引起应激反应和次生代谢的发生；16～18.9kJ/m² UV-B 使得植株中的 DNA 发生损伤以及诱变。

2.1.3 锌和硒元素对植物的影响

2.1.3.1 锌元素对植物生长的影响

锌元素是维持植物生长所必需的微量矿物质元素之一。对所有类型的植物都是必不可少的。将锌自身嵌入参与蛋白质合成和能量过程相关的酶中，锌对于维持生物膜的完整性是必需的，并且在种子和生殖器官的发育中起重要作用。研究表明，锌在植物相互作用中被发现，并有研究深入探究锌纳米颗粒对植物的影响[28]。对于一般作物和牧草而言，锌含量一般在 25～150mg/kg（DM）。锌多以低分子化合物、金属蛋白及自由离子形态存在，也有少部分与细胞壁结合为不溶态[29]，其中可溶态锌有 58%～91% 的部分在植物生理功能作用中起主要作用。

锌在植物体内中的生理作用有：锌是植物体内多种酶的组分及活化剂，通过影响 DNA、RNA 聚合酶进而影响核酸和蛋白质的合成，影响植物的抗性特征[30]。锌促进光合作用，提高光和效率；锌是碳酸酐酶的组分和激活剂，催化光合作用中 CO_2 的水合作用，影响叶绿素含量、光合速率和硝酸还原酶活性，从而阻碍蛋白质合成[31,32]。锌促进蛋白质代谢，植物体中的锌促进植物光合作用中的电子传递与光合磷酸化，是影响蛋白质合成的突出微量元素；参与生长素的合成，参与色氨酸合成吲哚乙酸，促进吲哚和丝氨酸合成生长素的前体色氨酸，从而影响植物体中的色素含量和茎伸长情况；参与碳水化合物的转化与代谢，并能提高植物的抗病性、抗寒性、抗热性和抗旱性等抗逆性，促进植物的生长，提高籽粒产量[33,34]。

2.1.3.2 硒元素对植物生长的影响

近些年研究证实，硒（Selenium）是大部分生物体所需的微量金属元素，是高等植物生长的必需金属元素[35]。高浓度的硒对植物有毒害作用，而植物没有对硒元素的主动摄取需求，但可以受益于硒增强其抗氧化活性。元素硒有多个有趣的属性，它可以衡量许多生命形式的健康代谢状况，如微藻类、许多原核生物和动物包括哺乳动物，但是，硒的摄入量高于一定阈值可能对生物体有害[36-38]。一般植物的正常含硒量很小，为 $0.05 \sim 1.5 \mu g/g$，而富硒植物每克含硒量则可高达数千微克[39]。大部分粮食作物、蔬菜、水果和草类对硒的富集作用很弱，含量一般在 $0.03 \mu g/g$ 以下，即使生长在富硒土壤上，植株中硒也不会超过 $0.12 \mu g/g$，但总体表现为植物中硒含量与土壤硒含量呈正相关[40]。

硒在植物体中又有着重要的生理作用和功能[41]。分别为：①促进植物生长发育、提高农作物品质。植物体内的硒含量小于或等于 2mg/kg 时，硒对植物是有促进作用的。研究得出，硒浓度含量较高时会对植物有毒害作用，而含量较低时则能促进植物的生长。②防止或减少病虫害、食草动物对作物的破坏，硒能增强杀菌剂的杀菌作用。③抗氧化作用。谷胱甘肽过氧化物酶（GSH-Px）的组成需要硒的参与。研究得出，适宜浓度的硒可以使番茄谷胱甘肽过氧化物酶的活性增强，使丙二醛（MDA）含量减小，番茄抗逆境性增强[42]。④拮抗环境毒害，由于硒对镉、汞、砷有拮抗作用，植物对上述元素的吸收减少，从而使得植物减少或免受该类元素的毒害。如水培施硒可降低莴苣和小麦对镉的吸收，而硒能拮抗汞对小麦幼苗过氧化氨酶活性的抑制作用，从而解除汞毒性。利用溶液培养试验研究了硒与砷在生菜中的相互作用，结果表明硒、砷间表现为相互拮抗。⑤促进叶绿素合成，叶绿素分子的核心部分是一个具有光吸收功能的卟啉环，其形成的中间产物是镁原卟啉、原卟啉-IK，硒通过对豆苗中卟啉合成的调节从而对叶绿素的合成有促进作用[43]。

2.1.4 研究目的与意义

2.1.4.1 研究目的与意义

臭氧层破坏导致全球紫外辐射增强，特别是 UV-B 辐射的增强，已成为不争的事实。早在 20 世纪 50 年代初，科学家就发现 UV-B 辐射强度的改变会影响植物的生长发育。对 UV-B 辐射的研究可以进一步揭示其对紫花苜蓿幼苗的大分子物质、氧化应激、紫外吸收物等的动态机制。

紫花苜蓿作为重要的优质饲草，对锌的缺乏表现为中度敏感，对硒有超强的吸收和富集能力，是将无机硒转化为有机硒的重要载体，是动物和人摄取硒和锌的直接来源[44]。随着紫花苜蓿的大面积种植，分布区域的推广，光照等自然因素不可避免地加重了对其生长的影响。而 UV-B 辐射对其损伤的修复涉及不同方面，不论是遮光大棚种植，还是立体化种植，都存在需要大量投入资金的问题。而微肥和微量化学试剂的应用则对植物有着一定的生物影响，通过研究锌硒溶液对光损伤苜蓿幼苗的施用，进一步发掘锌和硒对植株光损伤修复以及作用机制。

探究一定强度范围中的 UV-B 紫外辐射对紫花苜蓿的损伤及其效应。经 UV-B 辐射光照损伤的苜蓿植株，有没有完全失活，是否还具有一定的修复能力。例如视觉直观下，植株只是萎蔫和轻微变色，没有出现干枯和完全变色变形，植株内营养物质没有大量的减少、生物酶没有完全失活、叶绿素含量没有大量减少等。

探究是否存在某种浓度锌、硒及锌硒复合溶液对光损伤紫花苜蓿有响应机制，其中反应的原理是否是关于氧化应激的反应。尝试通过不同浓度的锌、硒和锌硒复合溶液的喷施，实现光损伤苜蓿幼苗的修复。

2.1.4.2 拟解决的关键问题和技术路线

拟解决的关键问题如下：明确不同 UV-B 辐射的光照强度对紫花苜蓿的损伤效应情况；明确不同 UV-B 辐射的光照时长对紫花苜

蓿幼苗损伤效应情况；明确不同浓度外源锌对损伤紫花苜蓿幼苗的
修复效应；明确不同浓度外源硒对损伤紫花苜蓿幼苗的修复效应。

　　本研究通过 UV-B 辐射光照损伤处理营养液水处理的紫花苜蓿幼
苗，进而用不同浓度锌、硒及锌硒复合喷施于紫花苜蓿地上部植株，
通过对紫花苜蓿的形态指标检测、氧化性检测、各个营养器官的锌、
硒元素含量及锌硒交互作用的分析，进行不同时期的检测，系统地说
明锌、硒及锌硒复合作用于 UV-B 辐射光照损伤处理的营养液水培紫
花苜蓿幼苗的效果及机制。所采用的技术路线如图 2-2 所示。

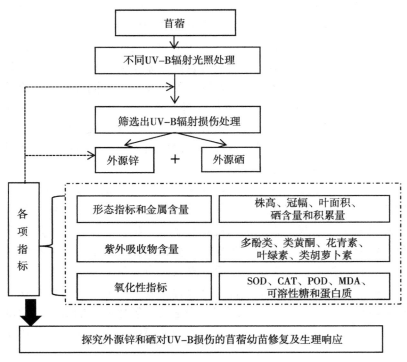

图 2-2　技术路线

　　注：SOD，超氧化物歧化酶；CAT，过氧化氢酶；POD，过氧化物酶；MDA，
丙二醛；下同。

2.2　材料与方法

2.2.1　试验材料

试验在山西农业大学动物科技学院草产品品质与质量检测实验室进行。供试材料为实验室购置的苜蓿栽培品种'惊喜'。

2.2.2　试验设计

2.2.2.1　不同程度 UV-B 对紫花苜蓿幼苗的影响

苜蓿种子的萌发生长在光照培养箱中进行。选取种子大小相同、饱满圆润的紫花苜蓿品种'惊喜'，在小烧杯中用 95%的酒精浸泡 5min 消毒，接着用无菌水冲洗 5~6 次，将种子置入放有两层润湿滤纸的培养皿中，再将培养皿放在 1 200lx 光照培养箱光照中培养，培养条件设置为白天 26℃ 16h，黑夜 14℃ 8h。循环每隔 12h 观察一次，每隔 24h 浇一次水，保持滤纸湿润，持续 6d。

待种子长出真叶后，用 Hoagland 营养液育苗，待后期处理。观察培养皿中的种子萌发情况，有真叶长出时，准备 33cm×27cm× 6cm 大小的育苗盘以及相应大小的定植绵，配制 Hoagland 营养液，将长出真叶的苜蓿幼苗移植到装有营养液的育苗盘里的定植绵上，在自然光照和适宜温度与湿度条件下进行培育。每天观察，及时补充育苗盘里的营养液，每 4d 更换一次重新配制的营养液，以保证营养液中营养的持续供应。

试验设置增强 UV-B 处理，将 UV-B 灯管（南京华强生产，790mm，20W、30W 和 40W）平行悬挂于植株上方，用 0.13mm 醋酸纤维素膜包裹灯管过滤 280nm 以下波长紫外线光波。调整灯管与苜蓿幼苗的距离，同时使用 UV-B 照度计（上海容久自动化科技有限公司生产，型号：RGM-UVB）测量植株顶端辐射强度，使之达到试验要求。在幼苗培育至 10d 时进行 UV-B 辐射处理，

UV-B辐射设置时间为每天 9：00—10：00、9：00—11：00 和 9：00—12：00，时长分别为 1h、2h、3h。

用 9 个不同 UV-B 辐射光照和未设置 UV-B 处理，其中设置有 0.07W/cm²、0.11W/cm²、0.15W/cm² 3 个光照梯度进行照射处理。具体处理方法如表 2-1 所示。

表 2-1 试验处理

处理	方法	
	UV-B 强度（W/cm²）	时长（h）
CK	0.00	0
Ll-T1	0.07	1
L1-T2	0.07	2
L1-T3	0.07	3
L2-T1	0.11	1
L2-T2	0.11	2
L2-T3	0.11	3
L3-T1	0.15	1
L3-T2	0.15	2
L3-T3	0.15	3

2.2.2.2 外源锌硒对 UV-B 损伤下紫花苜蓿幼苗的影响

前期处理同 2.2.2.1 中的苜蓿种子培育，以 0.15W/cm² 1h UV-B 辐射光照做辐射损伤处理。苜蓿幼苗损伤处理为用 40W 的 UV-B 紫外灯，设置 0.15W/cm² 的光照强度，在每天光照最强的时间点进行照射处理，光照处理 1h，持续处理 9d。

在受损植株上喷施不同浓度锌溶液处理，锌溶液为七水合硫酸锌（$ZnSO_4 \cdot 7H_2O$）盐溶液，设置 CK、Zn-1、Zn-2、Zn-3 4 个处理，分别表示：0g/L、0.5g/L、1g/L、1.5g/L 的溶液浓度梯度处理。

在受损植株上喷施不同浓度硒溶液处理，硒溶液为亚硒酸钠

（Na_2SeO_3）盐溶液，设置 CK、Se-1、Se-2、Se-3 4 个处理，分别表示：0g/L、0.025g/L、0.05g/L、0.075g/L 的溶液浓度梯度。

锌溶液和硒溶液的处理分别为每天 9：00，喷施 0.33mL/cm^2 处理溶液（根据紫花苜蓿的长势适当调整喷施距离），连续处理 9d，每 3d 用 100mm×70mm PE3 号自封袋随机采样，分别采集不同处理的苜蓿幼苗，放置 4℃ 的冰箱等待取样测定各种指标。

2.2.3　试验方法

2.2.3.1　千粒重和发芽率

首先检测种子的千粒重和种子的发芽率，使用四分法随机选取 1 000 颗种子，用万分之一天平称取重量，重复 3 次，求平均值。再用四分法选取 100 颗种子后，在小烧杯中用 95% 的酒精浸泡 5min 消毒，接着用无菌水冲洗 5~6 次，将种子置入放有两层润湿滤纸的培养皿中，再将培养皿放在培养箱中培养，重复 3 次，检查培养箱中种子发芽情况，并进行记录。

2.2.3.2　性状指标

在紫花苜蓿的幼苗生长至第 10d 开始，每 3d 进行一次采样测定。将收获的各处理植株随机抽取样品，清洗表面尘土后进行生化分析，未用完样品放置 4℃ 冷藏冰箱，待后期测定使用。每处理收获 10 株，单独测定作为重复。紫花苜蓿的形态指标测定方法为，株高（地上部分）和全株高（植株的整体）用游标卡尺、鲜重用万分之一天平测量，真叶数用目测法。试验结束时，在 105℃ 24h 的烘箱杀青，后 65℃ 24h 干燥至恒定质量的情况下，记录生物量权重。

2.2.3.3　光合色素

在紫花苜蓿的幼苗生长至第 10d 开始，每 3d 进行一次采样测定。于紫花苜蓿幼苗期选择生长健康、长势一致、光照均一的紫花苜蓿叶片进行取样，并以其三出复叶中间小叶为代表叶片进行光合色素含量的测定。

　　叶绿素 a、叶绿素 b、总叶绿素和类胡萝卜素含量的测定采用预冷分光光度计法：选取生长状态良好、受光均匀的 0.1g 新鲜紫花苜蓿叶片，剪碎放入研钵，然后加 25mL 95% 乙醇定容至棕色容量瓶，4℃下浸提 24h 即可完全提取（叶片细丝变白色，液体变成绿色），其间摇动 4~5 次，置于紫外分光光度计测定叶绿素 a、叶绿素 b、叶绿素 a+b 和类胡萝卜含量在 470nm、649nm 和 665nm 下的吸光值（OD），按照高俊凤方法[45]计算出各成分含量。

　　叶绿素 a 质量浓度（mg/g）：$C_a = 13.95A_{665} - 6.88A_{649}$；

　　叶绿素 b 质量浓度（mg/g）：$C_b = 24.96A_{649} - 7.32A_{665}$；

　　叶绿素总质量浓度（mg/g）：$C_{a+b} = C_a + C_b$；

　　类胡萝卜素质量浓度（mg/g）：$C_{类胡萝卜素} = (1\ 000A_{470} - 2.05C_a - 114.8C_b) \div 245$

　　计算后，将数值换算成每克鲜重含量（mg/g）。

2.2.3.4　氧化性指标

　　样品处理同 2.2.3.3。

　　抗氧化酶活性的测定，各指标均需称鲜叶 0.1g 剪碎置于预冷的研钵中，加适量磷酸缓冲液及适量石英砂，在冰浴环境下在研钵中研磨匀浆，转移至 2mL 离心管，定容，摇匀，在 4℃ $1\ 000 \times g$ 下离心 15min，取上清液备用（测定 SOD、POD 时磷酸缓冲液 pH 值为 7.8；测定 CAT 磷酸缓冲液 pH 值为 7.0）。

　　SOD 活性的测定根据曹建康等的氮蓝四唑光化还原法改进[46]。取规格一致透明度较好的试管，加入 50mmol/L 磷酸缓冲液（pH 值为 7.8）1.5mL，130mmol/L 多效唑（MET）溶液、750μmol/L 氮蓝四唑（NBT）溶液、100μmol/L EDTA-Na₂、20μmol/L 核黄素溶液各 0.3mL，测定管加粗酶液 0.1mL，光下对照和黑暗中对照均不加粗酶液，混合后放在透明试管架上，在光照培养箱内照光（12 000lx），10min 后立即避光终止反应，迅速测定 560nm 下的吸光值，以暗中对照做空白。酶活性采用抑制 NBT 光反应 0.5 为一个酶活性单位（U）。

POD 活性的测定，按照曹建康[46]的方法，采用愈创木酚法测定。取 20mL 具塞试管，依次加入 0.1%愈创木酚 1.0mL，蒸馏水 6.9mL，加入 0.18 % H_2O_2 1.0mL（对照试管不加多加 1.0mL 蒸馏水），粗酶液 1.0mL，摇匀，25℃下准确反应 10min，加 5%偏磷酸 0.2mL 终止反应，用蒸馏水调零，测定 470nm 处的吸光值。

CAT 活性的测定，根据石连旋[47]法采用紫外吸收法测定，取 10mL 具塞试管，加 50mmol/L Tris－HCl 缓冲液（pH 值为 7.0）1.0mL，蒸馏水 1.7mL，粗酶液 0.1mL（对照管为煮沸已失活的酶液），然后置于 25℃水浴中预热 3min，每个试管中均加入 0.2mL 200mmol/L H_2O_2溶液，每加一管在紫外分光光度计上测定 240nm 处的吸光值，蒸馏水调零，每隔 30s 读数一次，共测 3min，以 1min 内 A_{240}降低 0.1 为一个酶活单位。

叶片中的 MDA 含量采用硫代巴比妥酸（TBA）比色法测定[48]。选取生长状态良好受光均匀的 0.5g 新鲜紫花苜蓿叶片，剪碎放入研钵，加入 2mL 10%三氯乙酸（TCA）和少量石英砂，研磨至匀浆，再加 8mL TCA 进一步研磨，在 4℃ 4 000r/min离心 10min，取上清液作为提取液进行显色反应测定：取 4 支试管，各加入提取液 5mL，对照试管加入 5mL 蒸馏水，后均加入 5mL 0.6% TBA 摇匀，放置沸水浴中反应 10min，迅速冷却，再在 4℃ 4 000r/min离心 10min。吸取离心的上清液 2mL，用蒸馏水组做空白对照，记录在 450nm、532nm 和 600nm 波长下的吸光值。计算双组分分光光度法，直接求得植物样品中提取液中 MDA 含量：$C_{MDA提取液} = 6.45（A_{532} - A_{600}）- 0.56A_{450}$。根据植物组织中的重量计算测定样品中丙二醛的含量：$C_{MDA样品} = C_{MDA} \cdot N/w$，其中 C_{MDA} 为丙二醛浓度（μmol/L），N 为提取液体积（mL），w 为植物组织鲜重（g）。

2.2.3.5 营养成分

样品处理同 2.2.3.3。

可溶性蛋白质（Soluble protein）含量采用考马斯亮蓝 G-250

染色法测定[49]。称取生长状态良好受光均匀的 0.5g 新鲜紫花苜蓿幼苗，剪碎放 0.1g 入研钵，加入少量石英砂和蒸馏水研磨，定容至 25ml，取 10mL 的上清液，5 000r/min 离心 10min，取上清液 100μL，加 0.9mL 蒸馏水，5mL G-250 考马斯亮蓝混合溶液，放置 2min。以考马斯亮蓝混合溶液为对照，测定 595nm 的吸光值，可溶性蛋白在每克鲜重含量（mg/g）：$C_{可溶性蛋白} = \dfrac{A_{595} \cdot Vt}{FW \cdot V \cdot 1\,000}$，其中 $C_{可溶性蛋白}$ 为每克鲜重中可溶性蛋白的含量（mg/g），FW 为植物组织鲜重（g），A_{595} 为 595nm 的吸光值，Vt 为提取液总体积（mL），V 为测定时加样量（mL）。

可溶性糖（Soluble sugar）含量用蒽酮比色法测定[46]。称取生长状态良好受光均匀的 0.2g 新鲜紫花苜蓿叶片，剪碎放入研钵，加入 5mL 加热至 80℃ 的蒸馏水进行充分研磨，置入 10mL 离心管密封，在 80℃ 水浴锅中保温 30min。清洗研钵，用蒸馏水定容样品溶液至 10mL，配平，3 500r/min 离心 15min。取 100μL 上清液，加入 90μL 蒸馏水，从而稀释 10 倍。后加入 4mL 蒽酮试剂混合摇匀（注意：边加边摇，避免沉淀），对照组用 1mL 蒸馏水与 4mL 蒽酮试剂，沸水浴加热 10min，冷却后，测定 620nm 的吸光值。

2.2.3.6 金属离子溶液

锌、硒均采用电感耦合等离子溶液体原子质谱仪（ICPMS）测定其干样中含量。将烘干样品用试管微量研磨机 25 000r/min 粉碎 3min，取 0.2~0.3g 粉样放入消解管底部，加 2mL H_2O_2 6mL 浓 HCl 的试剂溶液反应 2h，待反应结束。提前打开通风橱，将准备好的样品确认密封弹片安装正确，用专用工具拧紧安全帽，均匀放置于转盘，确认高度一致后将承载转盘放在驱动马达，设置 MARS 机 180℃，运行消解处理。将处理好的样品赶酸，设置 90~160℃ 赶酸处理，待样品赶酸至 1mL，使用 2.5μm 孔径的水性滤筛过滤样品溶液，后用去离子溶液水定容至 25mL，待测定。使用设定好内标的电感耦合等离子溶液体原子质谱仪（ICPMS），选定要测定的金属离子溶液锌、硒、铁、铜和锰，在测定好标准液的含量后，将进样管放置样品溶液中进行测定。其中，硒（锌）积累量按下列公式进行计算：硒（锌）干样中的含量=硒（锌）含量×干物质含量。

2.2.4 数据处理

结果用 3 次重复试验的平均值±标准误表示。采用 Excel 2010进行数据收集整合，通过 SPSS 20.0（SPSS Inc. USA），对各指标进行线性相关分析及方差分析，LSD 法进行多重比较，差异显著性定义为：$P<0.05$ 属于显著性差异，最后用 Sigma plot 12.5 作图。

2.3 结果与分析

2.3.1 不同 UV-B 对紫花苜蓿幼苗的影响

2.3.1.1 性状指标

测得千粒重为 1.003g，观察培养箱中种子发芽情况，基本发芽率为 95%。

未经处理的紫花苜蓿的植株高度均匀，茎和叶片健康生长，植株自然舒展，叶片薄呈鲜绿色且表面光滑平展，经处理后，紫花苜蓿发生明显的形态变化，抑制地下部根的伸长，地上部株高缩短、真叶数减少。其中，同一处理时长中 L1 处理组、L2 处理组、L3处理组随着 UV-B 辐射的增强，苜蓿植株外表开始呈现枯黄、矮小，茎与根变细，叶片表面逐渐开始卷曲粗糙、发黄、出现轻微锈斑以及衰老的现象。其中同一 UV-B 辐射强度不同处理强度紫花苜蓿表现出不同的差异变化，处理组 L1-T1 的紫花苜蓿的植株高度明显高于 L1-T2 和 L1-T3，L1-T2 相较于 L1-T3 没有明显的高度差异性；L2-T1、L2-T2 和 L2-T3 处理组不同时长的紫花苜蓿株高、叶片颜色没有明显的变化；L3-T2 和 L3-T3 处理组株高明显整体比 L3-T1 的高度高，且叶片的颜色对比更绿。与对照组相比，除 L1-T1 处理组的长势没有明显的变化，其他处理组均出现低矮的现象（表 2-2）。

表 2-2 不同 UV-B 对紫花苜蓿幼苗地上部株高的影响

（单位：cm）

处理	0d	3d	6d	9d	SEM
CK	7.82±0.67dA	8.53±0.48dA	8.08±0.51dA	8.30±0.45A	0.807 5
L1-T1	6.22±0.4bcB	5.62±0.19abcAB	5.73±0.39abcA	5.67±0.23abA	0.476 1
L1-T2	5.23±0.49abA	5.00±0.48aA	4.92±0.35aA	5.11±0.42aA	0.660 8
L1-T3	4.77±0.27aA	5.08±0.48bcA	5.14±0.26aA	5.51±0.38abA	0.523 4
L2-T1	6.36±0.59bcA	6.79±0.55cdA	7.04±0.75cdA	7.17±0.70dA	0.984 9
L2-T2	6.06±0.48abcA	5.57±0.32abcA	5.74±0.47abcA	6.13±0.55abcdA	0.700 4
L2-T3	6.73±0.43cdA	6.70±0.47cdA	6.54±0.46bcdA	6.51±0.34bcdA	0.648 4
L3-T1	5.90±0.35bcA	5.73±0.55abcA	5.69±0.44abcA	5.31±0.39abA	0.663 9
L3-T2	5.93±0.44abcA	5.59±0.56abcA	5.37±0.24abA	5.80±0.22abcA	0.589 3
L3-T3	6.29±0.39cdA	6.50±0.54bcA	6.88±0.5cA	7.03±0.40cdA	0.694 2
SEM	0.712 5	0.710 8	0.691 5	0.650 3	—

注：数值显示为标准值±标准差；其中小写字母不同表示同一时间不同处理的差异显著（$P<0.05$），大写字母不同表示同一处理不同时间的显著差异（$P<0.05$）；SEM 表示处理组间的标准误，下表同。

紫花苜蓿在 L1、L2、L3 3 个强度 UV-B 辐射强度 T1 处理中均表现出株高变矮的趋势，但不同的处理变化各不相同，而在 T2 和 T3 处理中未有变化趋势。随着处理时间的增长，处理组与对照组相比均表现出变矮现象，但是又各有差异，L1 强度 T1、T2、T3 处理组表现出变矮的趋势，L2 强度 T1、T2、T3 处理组表现出先下降后增长的现象。其中较为明显的是 L3-T1 处理组植株的高度出现显著（$P<0.05$）的变化浮动。

如表 2-3 所示，紫花苜蓿全株高的变化也随着 UV-B 辐射处理时间的持续出现缩短现象。在 L1 强度处理中，T1、T2、T3 处理使得紫花苜蓿地上部株高和地下部根长整体缩短；在 L3 强度处理中，T1、T2、T3 处理使得紫花苜蓿的全株高与对照组相比却出现了不同幅度的变化，表现出显著性差异；在 L2 强度处理中，T1、T2、T3 处理使得紫花苜蓿的全株高与对照组相比却出现了不同幅度的变化。试验表明，UV-B 辐射对于紫花苜蓿全株高的影响不是完全抑制生长的影响，但是 L3 强度处理能缩短紫花苜蓿的全株高。

表 2-3　不同 UV-B 对紫花苜蓿幼苗全株高的影响（单位：cm）

处理	0d	3d	6d	9d	SEM
CK	11.83±1.12aB	12.46±0.94aAB	12.76±0.61aAB	12.93±0.44dA	1.356 6
L1-T1	11.11±2.07aB	10.07±1.48aA	7.51±0.62aA	7.97±0.23abA	1.848 6
L1-T2	8.78±0.82aA	8.99±0.84aA	7.93±0.81aA	6.24±0.62abcA	1.190 6
L1-T3	9.70±1.73aB	6.79±0.39aA	7.00±0.32aA	5.51±0.38aA	1.410 2
L2-T1	8.99±0.82aA	8.63±0.68aA	8.79±0.78aA	9.17±0.86cdA	1.243 3
L2-T2	12.01±2.51aB	10.1±2.11aAB	9.58±1.80aAB	8.73±1.45cdA	2.768 9
L2-T3	11.66±2.64aB	10.16±1.61aAB	9.07±1.11aA	8.50±0.64cdA	2.307 3
L3-T1	9.30±0.39aB	7.67±0.49aA	7.63±0.51aA	6.42±0.51abcA	0.757 0
L3-T2	11.69±1.61aB	8.82±0.93aA	7.52±0.27aA	7.92±0.29bcA	1.561 2
L3-T3	11.98±1.65aB	10.03±1.51aB	9.79±1.56aAB	8.80±0.49cdA	2.055 0
SEM	2.867 6	2.082 1	1.650 8	1.246 7	—

如表 2-4 所示，在 7d 的 UV-B 辐射处理中，随着紫花苜蓿的自然生长，植株的叶片数增多，其中 T1、T2、T3 处理组的时长间并未出现明显差异，而 L1、L2、L3 处理组 3 个不同的 UV-B 强度处理对真叶的数量则出现了差异性变化。

表 2-4　不同 UV-B 对紫花苜蓿幼苗真叶数的影响　（单位：片）

处理	0d	3d	6d	9d	SEM
CK	4.63±0.17bA	4.75±0.15aA	5.5±0.18abB	5.75±0.15abB	0.241 2
L1-T1	3.63±0.19abA	4.67±0.12aB	5.22±0.12abB	5.89±0.30abC	0.286 7
L1-T2	3.78±0.21abA	4.56±0.23aAB	5.67±0.53bAB	6.33±0.57bB	0.704 2
L1-T3	3.67±0.25abA	4.63±0.35aAB	5.44±0.17abBC	6.56±0.30bC	0.492 9
L2-T1	4.11±0.18abA	4.44±0.17aAB	5.33±0.15abB	6.00±0.29abC	0.351 5
L2-T2	4.22±0.17abA	4.89±0.21aAB	6.00±0.25abBC	6.89±0.23bC	0.413 6
L2-T3	3.67±0.25abA	4.11±0.15aAB	5.00±0.28abB	5.89±0.17abC	0.380 1
L3-T1	3.33±0.17aA	4.22±0.17aA	4.67±0.25aA	5.44±0.33aB	0.400 1
L3-T2	3.67±0.18abA	4.11±0.15aA	5.00±0.21abB	5.33±0.21abC	0.302 3
L3-T3	4.00±0.17cA	4.22±0.17bA	5.44±0.17cB	6.22±0.35cB	0.401 6
SEM	0.402 8	4.628 6	0.502 0	0.542 4	—

　　植株的鲜重表现了植物体内的物质含量，当植物受到胁迫时会直接通过形态变化来应对逆境，而鲜重就是一项能够直接体现植株变化的指标。如表 2-5 所示，L2 辐射强度的 T1、T2、T3 处理组中均出现鲜重增加且高于其他处理组的趋势，说明 UV-B 辐射中 L2 的辐射强度对紫花苜蓿的鲜重有影响，但是同一时间不同处理间为表现出显著性差异（$P<0.05$）。反而是在 L2-T1 处理组中，第 6d 和其他测定时间点的鲜重出现了显著性差异（$P<0.05$），显示出增重的现象。而 L3 辐射处理中 T1 处理组的植株鲜重均小于其他处理组。但从整体上看，紫花苜蓿的鲜重受 UV-B 辐射影响相较于对照组均出现下降的趋势，这表明植株受到 UV-B 辐射损伤抑或抑制生长作用。

表 2-5 不同 UV-B 对紫花苜蓿幼苗鲜重的影响 （单位：mg）

处理	0d	3d	6d	9d	SEM
CK	0.35±0.01aA	0.65±0.02aA	0.97±0.02aA	1.36±0.02aA	0.246 4
L1-T1	0.23±0.01aA	0.40±0.02aA	0.69±0.01aA	0.86±0.02aA	0.022 6
L1-T2	0.22±0.02aA	0.42±0.01aA	0.77±0.02aA	0.98±0.02aA	0.281 0
L1-T3	0.22±0.02aA	0.54±0.07aA	0.78±0.02aA	1.01±0.02aA	0.026 0
L2-T1	0.25±0.02aA	0.46±0.02aA	1.11±0.21bB	1.04±0.03aA	0.160 3
L2-T2	0.26±0.02aA	0.48±0.02aA	0.81±0.03aA	1.03±0.03aA	0.039 2
L2-T3	0.25±0.04aA	0.46±0.04aA	0.80±0.03aA	1.02±0.03aA	0.052 7
L3-T1	0.21±0.01aA	0.42±0.01aA	0.76±0.01aA	0.98±0.01aA	0.018 9
L3-T2	0.23±0.02aA	0.45±0.02aA	0.77±0.02aA	0.98±0.02aA	0.030 2
L3-T3	0.23±0.01aA	0.45±0.01aA	0.79±0.01aA	1.00±0.02aA	0.021 0
SEM	0.031 2	0.296 5	0.104 0	0.032 5	—

由上述株高、全株高、真叶数和鲜重分析可知，L3 辐射处理对紫花苜蓿的生长存在一定的抑制作用，考虑到 UV-B 辐射对苜蓿生长抑制性强，故选用 L3-T1 处理组作为损伤处理并设置试验单独观察其生长。发现紫花苜蓿在第 3d 处理的照片中显示出低矮，略微发黄的现象，在第 3d 之后，植株高度有了生长，但是叶片的颜色依旧，而且叶片呈现叶缘卷曲、叶片增厚的现象。

从整体上来看，UV-B 辐射处理对紫花苜蓿的生长有一定低促作用，但是不同 UV-B 辐射处理整体上均表现出对紫花苜蓿的生长有一定的抑制作用，而其中 L3-T1 处理组存在致伤的作用效果，植株出现生长物质减少的现象。

2.3.1.2 光合色素

大气中的紫外线辐射属于光波辐射，所以 UV-B 辐射对植物的影响直接通过改变光合色素来影响其生长发育。UV-B 辐射影响光合色素含量，处理后的光合色素叶绿素 a、叶绿素 b 含量变化趋势一致，均有提高，但是各个处理组的含量出现了差异。

如图 2-3 所示，随着 UV-B 辐射强度的增强，光合色素叶绿素 a 含量开始增多，其中 T1、T2、T3 各个处理组中呈现出不同的增减趋势。与对照组相比，在相同辐射处理 L1 中的 T1、T2、T3 处理组均呈现持续增长，但生长的速率却有所不同。在第一次处理后变化呈现为 L3-T1<L1-T3<L1-T2<L1-T1<L3-T3<L3-T2<L2-T2<L2-T1<L2-T3<CK，随着不同 UV-B 辐射处理时间的延长，在第 3d、第 6d 和第 9d 的分析中每组处理的光合色素叶绿素 a 的含量均呈现增长趋势，其中 L2-T3 处理组在第 3d 出现减少，L2-T1 和 L3-T2 处理组在第 9d 出现增长的情况，可能时长处理时植株出现了光合促进，导致叶绿素 a 含量的增长，这可能是植株生长修复性较快或者辐射强度促进作用的个例。而其中 L3-T1 处理组的光合色素叶绿素 a 含量呈现逐渐降低现象，在第 9d 时含量最低。

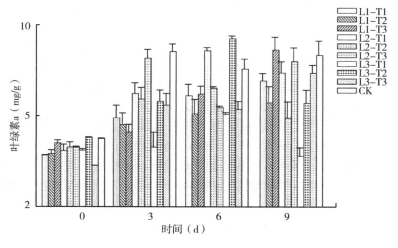

图 2-3　不同 UV-B 对紫花苜蓿叶绿素 a 含量的影响

如图 2-4 所示，光合色素叶绿素 b 含量在测定开始呈现总体均衡，随着光照处理时长的增加，9 个处理组中的叶绿素 b 含量整体呈现先增长后下降的趋势。其中 T1、T2、T3 各个处理组中叶绿素 b 分别呈现了 L1 处理组中先下降后增长，而 L2 和 L3 处理组则呈现先增长后下降的趋势。随着光照时间的延长，第 3d 时 L2-T3 处理组叶绿素 b 含量最高（14.515mg/g），在第 6d 时 L2-T1 处理组和 L3-T2 处理组分别出现最高值 16.276mg/g 和 14.054mg/g，第 9d 时 L1-T3 处理组的含量最高，为 15.775mg/g，而其中 L3-T1 处理组中叶绿素 b 含量却持续降低，在第 9d 时达 4.512mg/g 的最低值。这说明，从整体看多数 UV-B 辐射处理组的紫花苜蓿幼苗中的叶绿素 b 含量减少了，表明 UV-B 辐射可能抑制植物的光合作用。

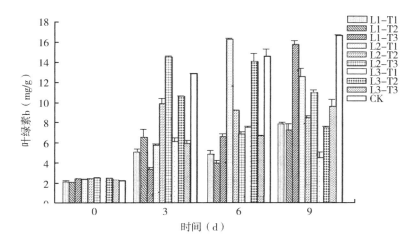

图 2-4 不同 UV-B 对紫花苜蓿叶绿素 b 含量的影响

如图 2-5 所示，叶绿素含量在测定开始时呈现总体均衡，随着光照处理时长的增加 9 个处理组中的叶绿素含量整体呈现先增长后下降的趋势，这与植物的敏感度有关。其中 L1、L2、L3 3 个不

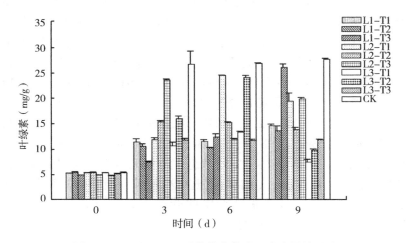

图 2-5 不同 UV-B 对紫花苜蓿叶绿素含量的影响

同的 UV-B 强度处理组中叶绿素含量分别呈现了 T1 和 T2 处理组先增长后下降，而 T3 处理组先下降后增长的趋势。随着光照时间的延长，在第 3d 时 L1-T3 处理组叶绿素含量最高（23.617mg/g），在第 6d 时 L2-T1 处理组和 L3-T2 处理组出现最高值 24.521mg/g 和 24.096mg/g，第 9d 时 L1-T3 处理组的含量最高，为 26.077mg/g。而 L3-T1 处理组的叶绿素含量在处理中的一直为下降趋势，而且在第 9d 时含量达到最低。

　　如图 2-6 所示，光合色素类胡萝卜素量值随着光照处理时长的增加 9 个处理组中整体呈现各自不同的趋势。其中 L1、L2、L3 3 个不同 UV-B 强度处理组的 T1 处理组先增长后下降，而 T2 和 T3 处理组则是先下降后增长。随着光照时间的延长，第 3d 时 L2-T3 处理组类胡萝卜素含量达到 0.448mg/g，第 6d 时 L1-T2 处理组类胡萝卜素含量为 0.523mg/g，第 9d 时 L1-T3 处理组的含量最高为 0.863mg/g 和 0.709mg/g。

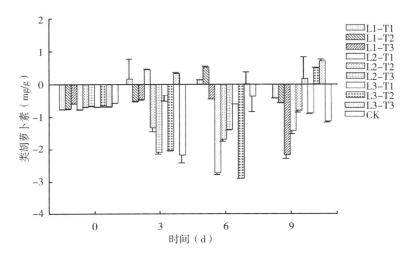

图 2-6 不同 UV-B 对紫花苜蓿类胡萝卜素含量的影响

2.3.1.3 金属离子溶液

微量离子溶液的含量对于大多数植物的正常生长有着重要的作用，而 UV-B 辐射对植物的影响也会影响到植株体内的金属离子含量以及应用效应。图 2-7 和图 2-8 中锌、硒在紫花苜蓿幼苗测定初期均出现一致性，在单位量级一致的情况下，紫花苜蓿幼苗中硒离子含量低。但在整个试验中，锌、硒离子含量在对照组均出现了增加，说明对照组叶片中的紫花苜蓿幼苗不断积累，这使得植株对 UV-B 辐射的耐受力增强。

如图 2-7 所示，锌离子在紫花苜蓿幼苗中的含量随 UV-B 辐射处理组时长的延长出现了增长的趋势，这与植株吸收一定量的离子溶液以维持自身的生长需求有关。在不同的时间点个别处理组锌离子含量高于对照组。与对照组相比，在第 3d 时 L1-T1 处理组、L1-T2 处理组、L1-T3 处理组、L2-T2 处理组均比 L3-T3 处理组高，而 L3-T1 处理组<L3-T3 处理组；与对照组相比，在第 6d 时

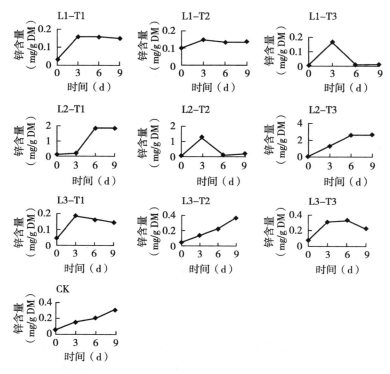

图2-7 不同UV-B对紫花苜蓿幼苗中锌含量的影响

L2-T2处理组和L3-T1处理组最高，L3-T2处理组中锌离子含量最低；在第9d时与对照组相比同样是L2-T2处理组和L3-T1处理组高于对照组，个别出现含量增多的现象可能与植株的敏感性相关。最终与对照组相比有下降趋势的组别有L1-T1处理组、L1-T2处理组、L1-T3处理组、L3-T1处理组和L3-T3处理组，说明这几个光照处理组对植物的锌离子吸收存在一定的抑制作用。但与L1-T1处理组和L3-T3处理组不同的是L3-T1处理组的抑制性不强，降幅少，整体与初始测定时间的值相比有所增加。

如图2-8所示，硒离子在紫花苜蓿幼苗中含量随UV-B辐射

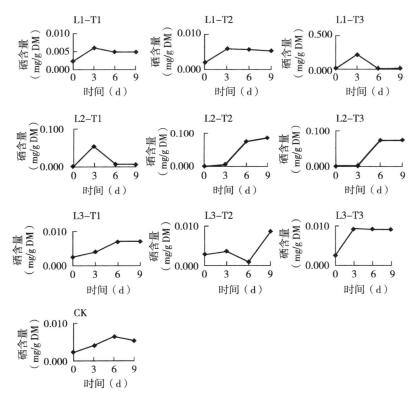

图 2-8 不同 UV-B 对紫花苜蓿中硒含量的影响

处理组时长的延长，处理组整体出现了增长的趋势，这可能与植株吸收一定量的硒离子以维持自身的生长需求有关。与对照组相比，在 L1-T3 处理组和 L2-T1 处理组中的硒含量在第 3d 时仍处于增长状态，但之后就开始下降，这可能是紫花苜蓿在 L1-T3 处理组和 L2-T1 处理组中对硒的吸收效用差，甚至可能出现了抑制作用。与对照组相比，在第 3d 时 L3-T3 处理组高；在第 6d 时 L2-T2 处理组和 L2-T3 处理组高；与对照组相比，在第 9d 时同样是 L2-T2 处理组和 L2-T3 处理组高于对照组。其中与对照组相比，L2-T2 处理组和 L3-T1 处理组中硒元素的含量均出现平稳上升的趋势，而其他组均存在不同程度的下降情况。

2.3.2　外源锌对 UV-B 损伤下紫花苜蓿幼苗的影响

2.3.2.1　光合色素

试验前期以及文献材料提及，植物在受到 UV-B 辐射损伤后，为抵御损伤作用，植株会出现光合色素含量增加的现象。本试验均是在 UV-B 辐射损伤紫花苜蓿的前提下，进一步用微量离子锌的盐溶液测定紫花苜蓿幼苗光合作用影响。

在植株生长过程中，叶绿素的含量是反映植物光合作用强弱的重要指标，叶绿素含量的大小将直接影响植物的光合作用。由图 2-9可知，对受损的紫花苜蓿喷施不同浓度锌的盐溶液，叶绿素 a 的含量出现了不同的变化曲线。与对照组相比，喷施了锌溶液的处理组在第 9d 时均出现降低的情况。而随锌离子溶液喷施时间的延长，在第 3d 时喷施锌离子溶液的处理组中叶绿素 a 的含量均低于对照组；在第 6d 时喷施锌离子溶液的所有处理组中 Zn-1 处理组中叶绿素 a 的含量不降反增，这可能是出现了紫花苜蓿对金属离子溶液锌的反应；在第 9d 时，与对照组相比处理组中的叶绿素 a 恢复常态，其中 Zn-2 处理组与对照组相比更相近。

由图 2-10 可知，对受 UV-B 辐射损伤的紫花苜蓿喷施不同浓度的锌溶液，与对照组相比，Zn-3 处理组的叶绿素 b 呈现递减的趋势。而随着喷施处理时间的延长，在第 3d 时喷施锌离子溶液的处理组中叶绿素 b 的含量均低于对照组，均呈现不同程度的下降；在第 6d 时喷施锌离子溶液的所有处理组中 Zn-1 和 Zn-3 处理组叶绿素 b 的含量不降反增，并且 Zn-1 处理组相较于对照组高，这可能是出现了紫花苜蓿对金属离子溶液锌的反应；在第 9d 时，对照组出现了增长的情况，而锌溶液处理组相较于对照组有降低的趋势，其中 Zn-3 与 Zn-2 处理组与对照相比更相近，说明其浓度处理适宜。

由图 2-11 可知，对受 UV-B 辐射损伤的紫花苜蓿喷施不同浓

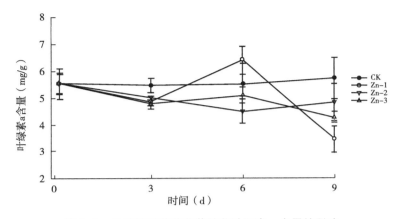

图 2-9 外源锌对紫花苜蓿幼苗叶绿素 a 含量的影响

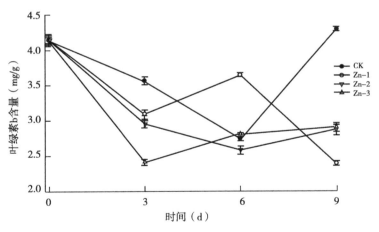

图 2-10 外源锌对紫花苜蓿幼苗叶绿素 b 含量的影响

度的锌溶液，与对照组相比，除了第 6d 的 Zn-1 处理组叶绿素高出对照组 1.73mg/g，各个处理组的叶绿素含量均有所下降。而随喷施处理时间的延长，在第 3d 时喷施锌离子溶液的处理组中叶绿素的含量均低于对照组，且呈现递减趋势；在第 6d 时喷施锌离子溶液的 Zn-1 处理组叶绿素的含量相较于对照组有所增加；在第 9d 时，对照组出现了增长的情况，而锌溶液处理组相较于对照组均出现降低，且同处理之前相比均出现减少的现象，其中 Zn-2 处理组与对照组相比更相近，说明其是最适浓度。

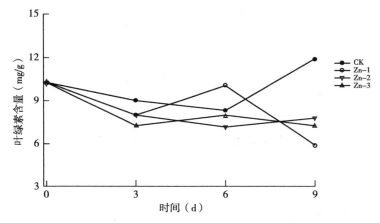

图 2-11 外源锌对紫花苜蓿幼苗叶绿素含量的影响

由图 2-12 可知，对受 UV-B 辐射损伤的紫花苜蓿喷施不同浓度的锌溶液，与对照组相比，除了第 6d 的 Zn-1 处理组类胡萝卜素含量高于对照组，各个处理组的类胡萝卜素含量均有所下降。随锌离子溶液喷施时间的延长，在第 3d 时喷施锌离子溶液的处理组中类胡萝卜素的含量均高于对照组；但在第 6d 时喷施锌离子溶液的处理组中 Zn-2 和 Zn-3 处理组类胡萝卜素的含量相较于对照组降低，仅 Zn-1 处理组高于对照组，这可能是出现了紫花苜蓿对金属离子溶液锌的反应；在第 9d 时，对照组出现了增长的情况，而锌溶液处理组相较于对照组降低，呈现递减趋势，其中 Zn-2 处理组与对照组相比更相近，说明其浓度处理适宜。

2.3.2.2 抗氧化酶活性

对植物而言，抗氧化性酶的存在是对植物正常生长代谢过程产

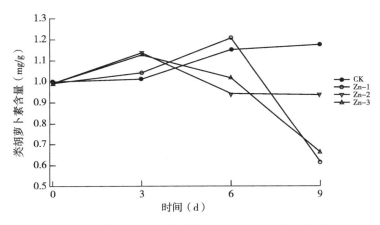

图 2-12 外源锌对紫花苜蓿幼苗类胡萝卜素含量的影响

生活性氧的防御性酶，主要的抗氧化酶有 SOD、POD、CAT 等。如图 2-13、图 2-14 以及图 2-15 所示，与对照组相比，Zn-1、Zn-2、Zn-3 的 3 个处理组中出现了在第 6d 时 Zn-2 处理组高于对照组，锌离子溶液的喷施可能缓解了活性氧的损伤作用，UV-B 辐

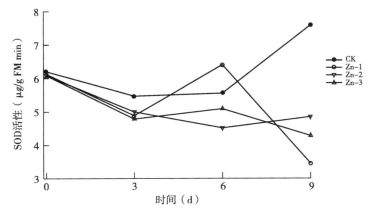

图 2-13 外源锌对紫花苜蓿幼苗 SOD 活性的影响

射刺激紫花苜蓿幼苗中的应激反应进而产生抗氧化性酶。

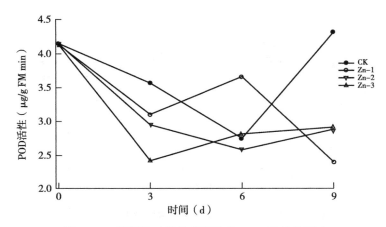

图 2-14　外源锌对紫花苜蓿幼苗 POD 活性的影响

　　如图 2-13 所示，用不同浓度的锌溶液喷施受 UV-B 辐射损伤的紫花苜蓿，不同浓度的锌溶液处理的紫花苜蓿幼苗的 SOD 活性出现了不同程度的降低。与对照组相比，Zn-1 处理组的 SOD 活性降低最多。在第 3d 时 3 个处理中 SOD 活性均呈现整体下降趋势，其中 Zn-3 处理组中的 SOD 活性最低；SOD 活性在第 6d 时，Zn-1 和 Zn-3 处理组呈现增长趋势，对照组和 Zn-2 处理组则呈现下降趋势；在第 9d 时，与对照组相比，Zn-1 和 Zn-3 处理组均存在降低现象，而 Zn-2 处理组存在增长现象。其中 Zn-2 处理组中的 SOD 活性稳定，且与对照组相比，在第 9d 时，SOD 活性最强。

　　如图 2-14 所示，用不同浓度的锌溶液喷施受 UV-B 辐射损伤的紫花苜蓿，不同浓度锌溶液处理的紫花苜蓿幼苗 POD 活性表现出的整体变化为先下降后增长。与对照组相比，Zn-1 处理组的POD 活性最低。POD 活性在第 3d 时对照组>Zn-1>Zn-2>Zn-3 处理组含量，其中 Zn-3 处理组的 POD 活性最低；POD 活性在第 6d 时，0.5g/L 和 1.5g/L 处理组呈现增长趋势，对照组和 Zn-2 则呈

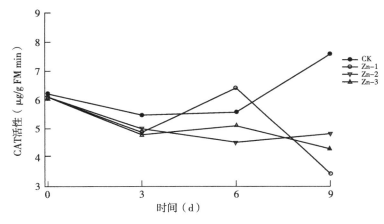

图 2-15　外源锌对紫花苜蓿幼苗 CAT 活性的影响

现下降趋势；在第 9d 时，与对照组相比，Zn-2 和 Zn-3 处理组均存在增长现象，而 Zn-1 处理组出现降低现象。其中，Zn-2 和 Zn-3 处理组中的 POD 活性值类似，且都呈现增长趋势。

如图 2-15 所示，用不同浓度的锌溶液喷施受 UV-B 辐射损伤的紫花苜蓿，不同浓度锌溶液处理的紫花苜蓿幼苗的 CAT 活性均表现出下降的趋势。在不同时间点，CAT 活性各有差异。CAT 活性在第 3d 时 3 个处理中表现出对照组 > Zn-2 > Zn-1 > Zn-3，其中 Zn-3 处理组的 CAT 活性最低；CAT 活性在第 6d 时，各个处理组均呈现增长趋势；在第 9d 时，与对照组相比，Zn-2 处理组 CAT 活性下降。虽然在第 9d 时，所有处理组 CAT 活性均呈现下降趋势，但是锌离子溶液各个处理组均高于对照组。

2.3.2.3　营养品质

对植物而言，植物中的可溶性蛋白是植物的生长发育过程中重要的渗透调节物质和营养物质，不仅能提高植物的保水性，还可以通过保护细胞的生命物质和植物的生物膜，增强植物的抗性。如图 2-16所示，用不同浓度的锌溶液喷施受 UV-B 辐射损伤的紫花

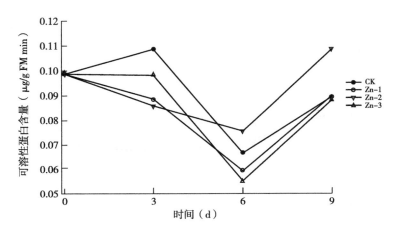

图 2-16 外源锌对紫花苜蓿幼苗可溶性蛋白含量的影响

苜蓿，不同浓度锌溶液处理的紫花苜蓿幼苗可溶性蛋白表现出的整体变化属于先增长后下降，再增长的变化趋势，且 Zn-2 处理组较初始值高。在第 3d 时除 Zn-2 处理组中的可溶性蛋白有下降，其他 3 个处理组均出现了逐渐增长的趋势，这可能是植株个体生长差异所致；与对照组相比，在第 6d 时各个处理组中可溶性蛋白均有下降；到第 9d 各个理组均呈现上升的趋势，其中 Zn-2 处理组的可溶性蛋白值最高。

植物体内的可溶性糖大多数不仅为植物的生长发育提供能量和代谢中间产物，而且具有信号功能，调节植物生长发育和基因表达。如图 2-17 所示，用不同浓度的锌溶液喷施受 UV-B 辐射损伤的紫花苜蓿，不同浓度锌溶液处理的紫花苜蓿幼苗可溶性糖表现出含量上升的趋势，但是各个处理组的表现相近。

MDA 含量的多少是植物细胞膜质过氧化程度的体现，植物中 MDA 含量的多少显示植物细胞膜受到伤害的程度。如图 2-18 所示，用不同浓度的锌溶液喷施受 UV-B 辐射损伤的紫花苜蓿，不同浓度的锌溶液处理的紫花苜蓿幼苗中 MDA 含量均表现出下降的趋

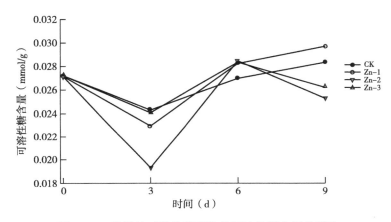

图 2-17 外源锌对紫花苜蓿幼苗可溶性糖含量的影响

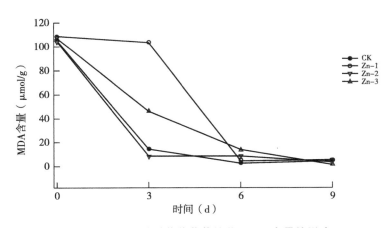

图 2-18 外源锌对紫花苜蓿幼苗 MDA 含量的影响

势。在第 3d 和第 6d 时，与对照组相比 3 个处理组中 MDA 含量均减少，其中第 3d 降幅最大，其顺序为 Zn-1<Zn-3<对照组<Zn-2。在第 9d 时，与对照组相比，3 个处理组仍持续减少，说明锌元素对于受损苜蓿的修复存在促进作用。

2.3.2.4 金属离子含量

微量金属离子溶液在植物的生长调节中发挥重要的作用，不仅能调节植株的抗逆性，还对维持植株的特定生物酶以及生物蛋白的活性和含量都有着内在的作用机制。如图 2-19 至图 2-23 所示，对照组和 3 个处理组在处理时间段中，各个金属离子含量均出现不同程度的增长。

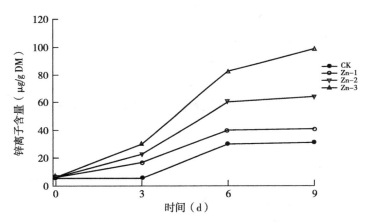

图 2-19　外源锌对紫花苜蓿幼苗中锌离子含量的影响

如图 2-19 所示，用不同浓度的锌溶液喷施受 UV-B 辐射损伤的紫花苜蓿，幼苗中锌离子含量均表现出增长的趋势。在第 3d 和第 6d 时，与对照组相比 3 个处理组中锌离子含量均增加，其中，在第 6d 的 1.5g/L 的处理组锌离子含量增加了 1.052mg/g，增幅最大，其次为 Zn-2 处理组、Zn-1 处理组、对照组。在第 9d 时，与对照组相比，3 个处理组均有增加，Zn-3 处理组的锌离子含量下降 0.096mg/g。

如图 2-20 所示，用不同浓度的锌溶液喷施受 UV-B 辐射损伤的紫花苜蓿，不同浓度的锌溶液处理的紫花苜蓿幼苗中硒离子的含量整体表现出增长的趋势。在第 3d 和第 6d 时，与对照组相比 3 个

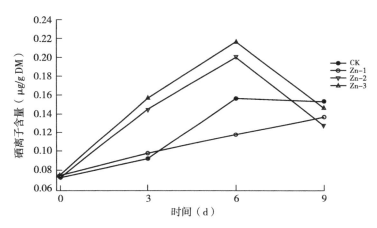

图 2-20 外源锌对紫花苜蓿幼苗中硒离子含量的影响

处理组中硒离子含量均有增加趋势，Zn-3 处理组的硒离子含量增加最多，其次为 Zn-2 处理组、对照组、Zn-1 处理组。

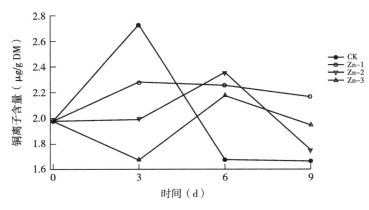

图 2-21 外源锌对紫花苜蓿幼苗中铜离子含量的影响

如图 2-21 所示，用不同浓度的锌溶液喷施受 UV-B 辐射损伤的紫花苜蓿，不同浓度的锌溶液处理的紫花苜蓿幼苗中铜离子含量整体表现出增长的趋势。在第 3d 时除 Zn-3 处理组中铜离子含量有下降，其他 3 个处理组均出现了逐渐增长的趋势，这可能是前期苜蓿在受到 UV-B 辐射受损或植株个体生长不足而影响其对铜离子的吸收；而与对照组相比，在第 6d 到第 9d Zn-2 和 Zn-3 处理组出现了先上升后下降的趋势。

如图 2-22 所示，用不同浓度的锌溶液喷施受 UV-B 辐射损伤的紫花苜蓿，不同浓度的锌溶液处理的紫花苜蓿幼苗中锰离子含量整体表现出增长的趋势。在第 3d 时除对照组中锰离子含量有下降，其他 3 个处理组均出现了逐渐增长的趋势；与对照组相比，在第 6d 时除 Zn-1 处理组锰离子含量有下降，其他 3 个处理组均出现了逐渐增长的趋势；但在第 9d 各个处理组均有所下降。

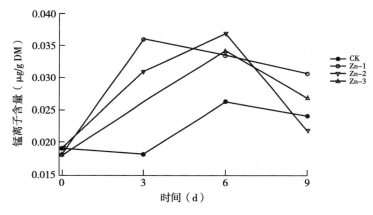

图 2-22　外源锌对紫花苜蓿幼苗中锰离子含量的影响

如图 2-23 所示，用不同浓度的锌溶液喷施受 UV-B 辐射损伤的紫花苜蓿，不同浓度的锌溶液处理的紫花苜蓿幼苗中铁离子含量整体表现出不同的变化趋势。在第 3d 时除对照组和 Zn-3 处理组铁离子含量有下降，其他两个处理组均出现了逐渐增长的趋势；在第 6d 时各个处理组中铁离子含量呈现增加的趋势；到第 9d 对照组和 Zn-1 处理组均呈现下降的趋势，其他 3 个处理组均出现了逐渐增长的趋势。

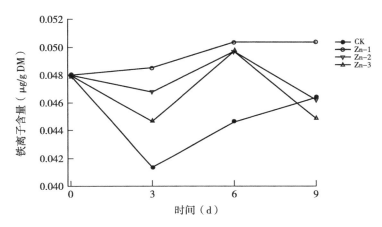

图 2-23　外源锌对紫花苜蓿幼苗中铁离子含量的影响

2.3.3　外源硒对 UV-B 损伤下紫花苜蓿幼苗的影响

2.3.3.1　光合色素

在植株生长过程中，植株体内叶绿素的含量是反映植物光合作用强弱的重要指标，叶绿素含量的高低将直接影响植物的光合作用，进而体现植物的生长状态。

由图 2-24 可知，对受损的紫花苜蓿喷施不同浓度硒的盐溶液，叶绿素 a 的含量出现了下降的趋势。而随硒离子溶液喷施时间的延长，与对照组相比，在第 3d 时喷施硒离子溶液的处理组中叶绿素 a 的含量均降低；在第 6d 时喷施硒离子溶液的处理组中 Se-1 处理组叶绿素 a 的含量不降反增，这可能是在 Se-1 处理组外源硒对紫花苜蓿的光合作用产生了促进作用；在第 9d 时，与对照组相比处理组中的叶绿素 a 呈上升趋势，所有处理组均大于对照组的叶绿素 a 的含量，其中 Se-1 和 Se-3 处理组与对照组相比更相近，却未出现最适合的浓度处理。

由图 2-25 可知，对受 UV-B 辐射损伤的紫花苜蓿喷施不同浓度的硒溶液，与对照组相比，各个处理组的叶绿素 b 始终呈现先递减后增加的趋势，而与对照组相比增加的时间有所提前。随喷施处理时间的延长，在第 3d 时喷施硒离子溶液的处理组中叶绿素 b 的

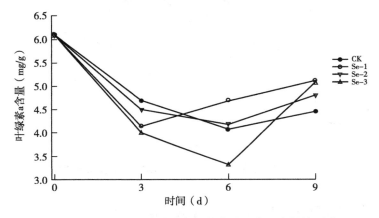

图 2-24 外源硒对紫花苜蓿幼苗中叶绿素 a 含量的影响

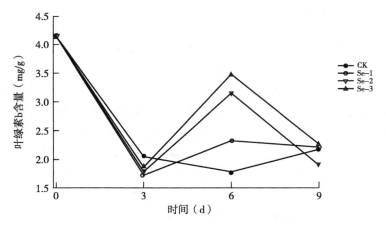

图 2-25 外源硒对紫花苜蓿幼苗中叶绿素 b 含量的影响

含量均低于对照组；与对照组相比，在第 6d 时喷施硒离子溶液的各个处理组中叶绿素 b 的含量不降反增，并且 Se-3 处理组相较于对照组高，这可能是出现了紫花苜蓿对金属离子硒溶液的反应；在第 9d 时，对照组出现了增长的情况，而硒溶液处理组相较于对照组降低，其中 Se-1 处理组与对照组相比更相近，说明其浓度处理适宜。

由图 2-26 可知，对受 UV-B 辐射损伤的紫花苜蓿喷施不同浓度的硒溶液，与对照组相比，除了第 6d 的 Se-1 处理组叶绿素高于对照组 1.73mg/g，各个处理组的叶绿素含量均有所下降。随着喷施处理时间的延长，在第 3d 时喷施硒离子溶液的处理组中叶绿素的含量均低于对照组，且呈现递减趋势；在第 6d 时喷施硒离子溶液的处理组中 Se-1 处理中叶绿素的含量相较于对照组增加；在第 9d 时，对照组出现了增长的情况，而硒溶液处理组相较于对照组均出现降低，且同处理之前相比均出现减少的现象，其中 0.05g/L 硒处理与空白对照相比更相近。

由图 2-27 可知，对受 UV-B 辐射损伤的紫花苜蓿喷施不同浓

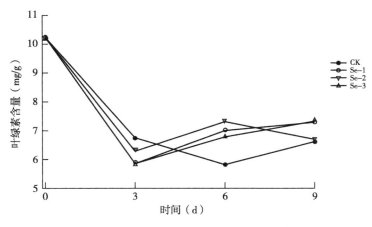

图 2-26 外源硒对紫花苜蓿幼苗中叶绿素含量的影响

度的硒溶液，与对照组相比各个处理组的类胡萝卜素含量整体呈现出先下降后上升的趋势。随硒离子溶液喷施时间的延长，在第 3d 时喷施硒离子溶液的处理组中类胡萝卜素的含量，均出现下降现象其顺序是：Se-1>对照组>Se-2>Se-3；在第 6d 时喷施硒离子溶液的处理组中 Se-1 和 Se-3 处理组中类胡萝卜素的含量相较于对照组降低，并且 Se-1 处理组相较于对照组存在下降现象；在第 9d 时，各个处理组均呈现增加的趋势，其中 Se-2 和 Se-1 处理组与对照组相比更相近，说明其浓度适宜。

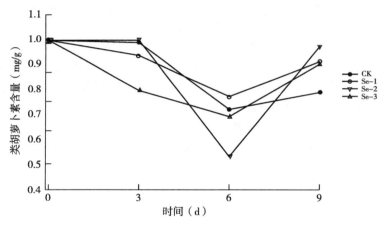

图 2-27　外源硒对紫花苜蓿幼苗中类胡萝卜素含量的影响

如图 2-24 至图 2-27 所示，随硒离子溶液喷施时间的延长，在第 3d 时，叶绿素 a、叶绿素 b 以及类胡萝卜素与对照组相比均出现下降的趋势，其中 Se-1 处理组与对照组相比更为相近。但是随着处理时间的延长，叶绿素 a、叶绿素 b、类胡萝卜素以及总叶绿素均未出现低于对照组的现象。所以在不同浓度硒处理组中，Se-1 处理组存在减少 UV-B 辐射损伤的能力。

2.3.3.2　抗氧化酶活性

如图 2-28、图 2-29 和图 2-30 所示，与对照组相比，Se-1、

Se-2、Se-3 3 个硒溶液的处理组 SOD 活性和 CAT 活性均出现下降趋势，而 POD 活性则出现先下降后上升的变化。硒离子溶液的喷施可能提高了 UV-B 辐射对于紫花苜蓿幼苗中的应激反应产生的抗氧化性酶活性。

如图 2-28 所示，用不同浓度的硒溶液喷施受 UV-B 辐射损伤的紫花苜蓿，不同浓度硒溶液处理的紫花苜蓿幼苗的 SOD 活性出现了不同程度的降低。与对照组相比，第 3d 时 3 个处理中 SOD 活性均呈现整体下降趋势，其中 0.025g/L 处理组中的 SOD 活性最低；在第 6d 时，Se-1 处理组的 SOD 活性呈现增长趋势，对照组、Se-2 和 Se-3 处理组则呈现下降趋势；在第 9d 时，与对照组相比，Se-1、Se-2 和 Se-3 处理组均有增长。

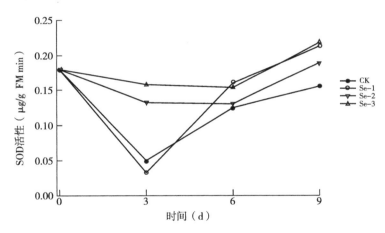

图 2-28 外源硒对紫花苜蓿幼苗中 SOD 活性的影响

如图 2-29 所示，用不同浓度的硒溶液喷施受 UV-B 辐射损伤的紫花苜蓿，不同浓度硒溶液处理的紫花苜蓿幼苗的 POD 活性先下降后增长。第 3d 时 3 个处理中 POD 活性表现出 Se-1>Se-2>Se-3 处理组的趋势，呈现整体下降，其中与对照组相比，Se-3 处理组的 POD 活性最低；在第 6d 时，所有处理组的 POD 活性呈现

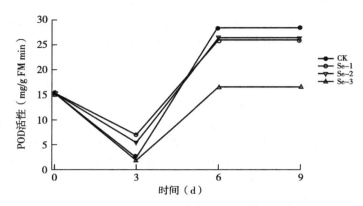

图 2-29　外源硒对紫花苜蓿苗中 POD 活性的影响

增长趋势；在第 9d 时，所有处理组中的 POD 活性值都低于对照组。

如图 2-30 所示，用不同浓度的硒溶液喷施受 UV-B 辐射损伤的紫花苜蓿，不同浓度的硒溶液处理的紫花苜蓿幼苗的 CAT 活性均表现出先上升后下降的趋势。在不同时间点，CAT 活性各有差

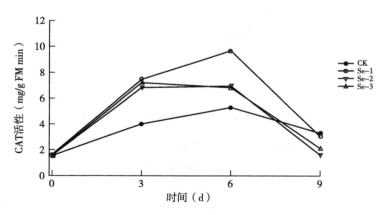

图 2-30　外源硒对紫花苜蓿幼苗中 CAT 活性的影响

异。第 3d 时 3 个处理中 CAT 活性表现出 Se-1>Se-3>Se-2>对照组的趋势，其中所有处理组中的 CAT 活性都高于对照组，这可能是硒离子溶液对苜蓿的损伤有一定的修复作用；CAT 活性在第 6d 时，各个处理组呈变化各不相同的趋势，但变化小；在第 9d 时，与对照组相比，各个处理组的 CAT 活性均有下降。

2.3.3.3　营养品质

植物体内的可溶性蛋白大多数是参与各种代谢的酶类，可溶性蛋白质含量是了解植物体总代谢的一个重要指标。如图 2-31 所示，用不同浓度的硒溶液喷施受 UV-B 辐射损伤的紫花苜蓿，不同浓度的硒溶液处理的紫花苜蓿幼苗的可溶性蛋白表现出的整体变化为先增长后下降，再增长的趋势。在第 3d 时，各个处理组均出现了逐渐增长的趋势，但 Se-2 处理组的异常，可能是植株生长差异所致；与对照组相比，在第 6d 时各个处理组中可溶性蛋白均有下降；到第 9d 各个理组均呈现上升的趋势，不同浓度硒溶液处理组的可溶性蛋白值均高于对照组。

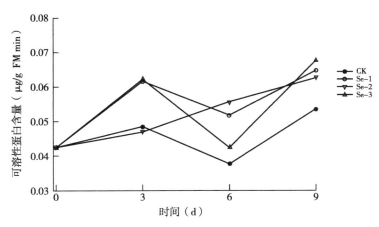

图 2-31　外源硒对紫花苜蓿幼苗可溶性蛋白含量的影响

如图 2-32 所示，用不同浓度的硒溶液喷施受 UV-B 辐射损伤的紫花苜蓿，不同浓度硒溶液处理的紫花苜蓿幼苗的可溶性糖表现出的整体变化属于上升的趋势。

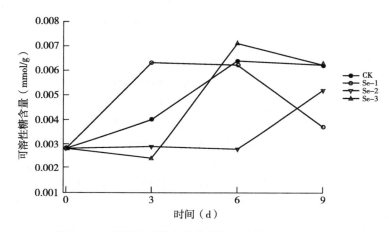

图 2-32　外源硒对紫花苜蓿幼苗可溶性糖含量的影响

如图 2-33 所示，用不同浓度的硒溶液喷施受 UV-B 辐射损伤的紫花苜蓿，不同浓度硒溶液处理的紫花苜蓿幼苗中 MDA 含量均表现出下降的趋势。在第 3d 和第 6d 时，与对照组相比 3 个处理组中 MDA 含量均明显地减少，其中，在第 3d 降幅最大。在第 9d 时，与对照组相比，Se-3 处理组仍持续减少，但 Se-1 和 Se-2 处理组则有所增长。

2.3.3.4　金属离子含量

在喷施了硒溶液的紫花苜蓿幼苗中，植株中锌、硒、铜、铁和锰元素的含量均出现不同程度的增长，其中植株中铁的含量最高（图 2-34 至图 2-38）；在图 2-36 和图 2-37 中显示植株中金属离子铜和铁含量喷施前后出现下降的情形；在图 2-38 中，金属离子锰的含量与处理之前比有明显的增长趋势，但是与对照组相比，各处理组中植物体内的锰离子含量出现了先增长后下降的趋势，但是出现的时间点却各不相同。

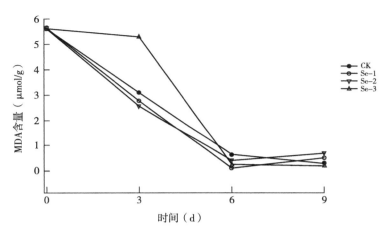

图 2-33 外源硒对紫花苜蓿幼苗 MDA 含量的影响

如图 2-34 所示，用不同浓度的硒溶液喷施受 UV-B 辐射损伤的紫花苜蓿，不同浓度硒溶液处理的紫花苜蓿幼苗中锌含量均表现出整体增加的趋势。在第 3d 和第 6d 时，与对照组相比 3 个处理组

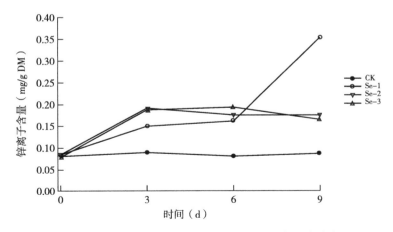

图 2-34 外源硒对紫花苜蓿幼苗中锌离子含量的影响

中锌离子含量均有增加，其中，在第 6d 的 Se-3 处理组锌离子溶液增加了 1.032mg/g，增幅最大，其次为 Se-2、Se-1、对照 3 个处理组。在第 9d 时，与对照组相比 3 个处理组均有增加，其中 0.025g/L 处理组的增幅最大，Se-3 处理组的锌离子含量却下降 0.023mg/g。

如图 2-35 所示，用不同浓度硒溶液喷施受 UV-B 辐射损伤的紫花苜蓿，不同浓度硒溶液处理的紫花苜蓿幼苗中硒离子含量整体表现出增长的趋势。在第 3d 和第 6d 时，与对照组相比 3 个处理组中硒离子含量均有增加，Se-3 处理组的硒离子含量增加最多，其次为 Se-2、对照组、Se-1 3 个处理组。

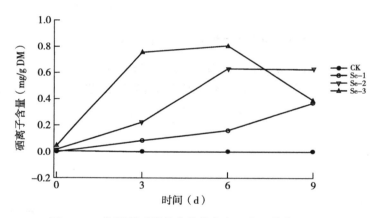

图 2-35　外源硒对紫花苜蓿幼苗中硒离子的含量影响

如图 2-36 所示，用不同浓度的硒溶液喷施受 UV-B 辐射损伤的紫花苜蓿，不同浓度的硒溶液处理的紫花苜蓿幼苗中铜离子的含量整体表现出各不相同的变化趋势。在第 3d 时与对照组相比，Se-3 处理组中铜离子含量显著增加，其他两个处理组均出现了缓慢增长的趋势；而在第 6d 到第 9d 的处理组除对照组，其他 3 个处理组出现了各有不同的变化趋势。

如图 2-37 所示，用不同浓度硒溶液喷施受 UV-B 辐射损伤的

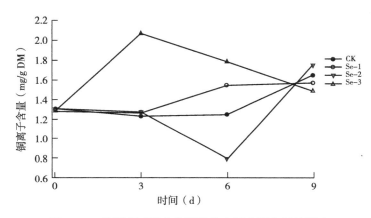

图 2-36 外源硒对紫花苜蓿幼苗中铜离子含量的影响

紫花苜蓿，不同浓度硒溶液处理的紫花苜蓿幼苗中铁离子含量整体表现出增长的趋势。第 9d 对照组中的铁离子含量显著高于 3 个处理组。

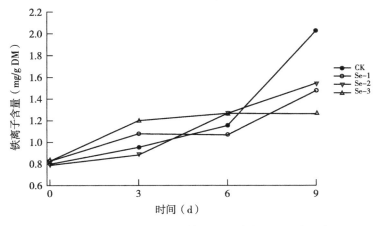

图 2-37 外源硒对紫花苜蓿幼苗中铁离子含量的影响

如图 2-38 所示，用不同浓度的硒溶液喷施受 UV-B 辐射损伤的紫花苜蓿，不同浓度硒溶液处理的紫花苜蓿幼苗中锰离子含量整体表现出增长的趋势。在第 3d 时 Se-2 处理组中锰离子含量下降，其他 3 个处理组均有逐渐增长的趋势，这可能是植株生长不足而影响其对锰离子的吸收；在第 6d 时除 Se-1 处理组中锰离子含量下降，其他 3 个处理组均出现了逐渐增长的趋势；到第 9d 各个理组仍呈现增长的趋势。

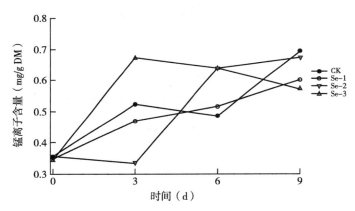

图 2-38　外源硒对紫花苜蓿幼苗中锰离子含量的影响

2.4　讨论

2.4.1　UV-B 对紫花苜蓿幼苗的影响

近些年，随着 UV-B 辐射研究逐步深入，国内外的相关性研究涉及约有 600 多种植物，而且大量的研究成果证实紫外线对大多数植物的生长变化存在不同程度的影响[32,50]。形态结构是植物功能性的具体体现之一，也是植株的基本构成，当植株的形态发生变化时，往往体现出植株对外界环境的适应性[51]。本试验中在 0.07W/cm²、0.11W/cm²、0.15W/cm² 3 个光照梯度下设 1h、2h、

3h 的光照处理，结果表明，$0.15W/cm^2$ 1h 处理组中叶片和植株表现出植株变矮、全株高缩短、鲜重下降，并且出现叶片卷曲，表面皱缩，叶片发黄的现象。这与前人在研究增强 UV-B 辐射对 C4 植物玉米和苋菜生长与代谢的影响结果一样，表明不同强度的 UV-B 辐射对紫花苜蓿有不同的抑制作用。

2.4.1.1　UV-B 对紫花苜蓿幼苗光合色素的影响

叶绿素、类胡萝卜素不仅是植物体的物质基础，更是在光合作用中起着重要的作用，能吸收、转移以及转化光能，会直接影响叶子的光合速率[52]。植物的光合系统对 UV-B 辐射强度的变化非常敏感，许多研究表明，UV-B 辐射改变植物的色素含量从而对植物细胞膜的稳定性产生不利影响[53]。从本实验结果可以看出，不同梯度下的 UV-B 辐射对紫花苜蓿的叶绿素 a、叶绿素 b、总叶绿素以及类胡萝卜素的含量都有较强的抑制作用，几种色素都出现先下降后上升，又有下降的趋势。增强的 UV-B 大多能够使叶绿素 a、叶绿素 b、总叶绿素以及类胡萝卜素的含量下降。叶绿素的生物合成与紫外辐射的强度直接相关，强度越高，则色素合成受到的抑制越大[54]。这种现象表明，叶绿素含量的变化体现了增强 UV-B 导致植物的叶绿体被破坏，造成新色素的合成受抑制或刺激色素的降解。也有研究报道，对泥炭藻、药用菊花等做实验发现增强 UV-B 辐射可能导致叶绿素含量有所增加，这可能是适当的 UV-B 辐射通过增加植物的某一器官中的叶绿素含量来促进光和效率。这或许就是本试验中，不同辐射强度对紫花苜蓿中的色素含量出现曲线下降的原因[55-58]。

2.4.1.2　UV-B 对紫花苜蓿幼苗抗氧化性的影响

逆境情况下，植物会出于自身的保护产生更多的氧自由基，加剧膜脂过氧化从而引起膜系统受损，最终植物组织受到破坏[30]。由于 UV-B 辐射属于紫外线中波，对生物具有一定的损伤效应，而增强 UV-B 辐射可以促进植物紫外线吸收物质的积累，试验中各个处理组中 SOD、POD、CAT 含量均出现不同程度的下降。SOD、

POD 是植物膜脂化的防御酶，SOD 主要是清除细胞中的超氧自由基 O^{2-}，POD 能够酶促降解 H_2O_2，CAT 也可破坏 H_2O_2[59]。从而使植物能够在逆境环境的胁迫下，抵抗代谢过程中产生的有害物质对细胞的伤害[60]。

2.4.2　外源锌硒对 UV-B 损伤下紫花苜蓿幼苗的影响

MDA 是植物体内氧化应激的标志物，是植物膜脂过氧化的最终产物，通常被作为研究逆境生理的重要指标[61]。植物光合作用能力与可溶性蛋白密切相关，也有研究发现，叶绿素含量降低、膜脂过氧化加剧也会引发作物光合能力的下降[62-64]。在本试验中，紫花苜蓿叶片中可溶性蛋白含量的变化与叶绿素含量的变化相一致，说明 UV-B 辐射损伤下喷施锌、硒在一定程度上影响了叶片蛋白含量的积累，对光合特性的酶产生了一定的影响，进而对叶片的光合特性、抗逆性和生长活性产生了相应的影响。随着锌、硒的喷施，叶片对其吸收有一定的吸收适应过程，随着紫花苜蓿生长期的推进，植株自身的保护机制凸显，使得紫花苜蓿叶片的光合色素有所增加。

2.4.2.1　外源锌硒对 UV-B 损伤下紫花苜蓿光合色素的影响

光合作用的物质基础——叶绿素，其含量影响叶片的光合速率。研究发现植株经 UV-B 辐射后叶绿素含量减少[65]，也有人发现 UV-B 辐射会提高叶绿素含量[66]。农作物经过稀土元素处理后，其叶绿体内的色素捕光能力增强，光系统活性增强，光合碳同化能力显著增强[67]。在本试验中，在不同剂量 UV-B 处理下，紫花苜蓿叶片叶绿素 a、叶绿素 b 和叶绿素与对照相比显著下降，这是由于 UV-B 胁迫导致紫花苜蓿叶片叶绿体结构发生改变。而随着不同浓度锌离子溶液、硒离子溶液的喷施，初期对叶片的生长出现一定的刺激作用，随着叶片的分蘖，喷施叶片能够很好地对其进行吸收，随着锌离子和硒离子的不断吸收，叶片活性进一步增强，在一定程度上缓解了 UV-B 辐射的伤害，有利于叶片光合色素合成，增强叶片对光的捕获能力和对光能的利用效率，使紫花苜蓿叶片在喷施锌、硒后，光合色素明显高于对照，这与前人研究结果一致[68-70]。

2.4.2.2 外源锌硒对 UV-B 损伤下紫花苜蓿抗氧化性的影响

有许多研究表明，植株体内的抗氧化机制中各种酶的表达量和抗氧化物质的积累量与植物对逆境胁迫的耐受性存在正相关的关系[68-70]。从一些胁迫性的研究表明，随着胁迫时间的延长，苜蓿植株叶片中的 SOD、POD 活性水平提高，植株的抗胁迫能力增强[71-74]。有研究表明，给受胁迫的植物施以微量离子溶液，可以提高有关抗氧化酶的水平，从而减轻胁迫造成的伤害[75]。而本试验中，受损紫花苜蓿在处理组 1g/L 锌浓度与对照组相比，虽然均增加 SOD、POD 和 CAT 活性。但是处理组 1g/L 锌浓度有减轻苜蓿受胁迫造成伤害的作用。在处理组 0.025g/L 硒浓度与对照组相比，也增加了 SOD、POD 和 CAT 活性，且都相对减轻了苜蓿受胁迫造成的伤害。

2.4.2.3 外源锌硒对 UV-B 损伤下紫花苜蓿金属离子含量的影响

正常生长发育的植物体内都含有各种矿质营养元素，每种矿质营养元素都发挥着特殊的作用，且这些矿质营养元素在生理代谢上存在相互制约和相互依赖的关系[76]。某种元素的缺失会引起其他元素间的不平衡，从而抑制植物的生长，而某种元素的增加也会引起其他元素间的不平衡，从而在植株体内进行动态调节。前人通过考验盆栽试验表明，硒和硫在成熟烟叶中既表现出拮抗作用，又表现出协同作用[77]。本试验中，涉及锌与硒两种元素，通过分别喷施，更好地观测锌在 1g/L 浓度和硒在 0.025g/L 浓度下分别对受损苜蓿的生长促进作用，不仅表现在各种营养物质的增加，氧化酶活性的提高，还表现在苜蓿体内的锌、硒、铜、铁和锰金属元素含量的增加上。

2.5　结论与展望

2.5.1　结论

本试验采用紫花苜蓿（品种'惊喜'）为试验材料，采用人工模拟自然环境温度和光照条件，探究 UV-B 辐射增强至 $0.07W/cm^2$、$0.11W/cm^2$、$0.15W/cm^2$ 3 种强度下对紫花苜蓿叶绿素、类胡萝卜素含量、生物量以及生长特性的影响。并进一步选择具有损伤效用的 $0.15W/cm^2$ 强度在幼苗期喷施锌（$ZnSO_4 \cdot 7H_2O$）、硒（Na_2SeO_3）盐溶液，分别设置 $0g/L$、$0.5g/L$、$1g/L$、$1.5g/L$ 和 $0g/L$、$0.025g/L$、$0.05g/L$、$0.075g/L$ 的溶液浓度梯度，测定锌硒对紫花苜蓿叶绿素、类胡萝卜素及抗氧化物保护酶活性的影响，对紫花苜蓿 MDA、可溶性蛋白和可溶性糖含量的影响，以及各个处理组的锌、硒和矿质元素含量的研究。结果如下：

（1）UV-B 辐射胁迫对紫花苜蓿幼苗生长特性和光合色素的影响。随着 UV-B 辐射胁迫强度增加和胁迫时间的延长，在第 9d 时，紫花苜蓿中叶绿素 a、叶绿素 b、总叶绿素和类胡萝卜素含量低于对照组，在 L3-T1 处理组 UV-B 辐射胁迫下，紫花苜蓿的光合色素含量、生物量、锌硒元素含量均有不同程度下降，且下降幅度高于其他处理组。说明 1h $0.15w/cm^2$ 处理对紫花苜蓿具有致伤性。

（2）锌元素对受损紫花苜蓿光合色素、抗氧化酶活性以及矿质金属元素含量的影响。随着锌元素施加时间的延长，$1g/L$ 的锌处理组不仅提高了紫花苜蓿的叶绿素 a、叶绿素 b、总叶绿素和类胡萝卜素含量，增强了 SOD、POD 和 CAT 活性，并且增进了紫花苜蓿对锌、硒、铜、铁、锰的吸收积累量。综合评价表明，$1g/L$ 的锌处理能够改善受损紫花苜蓿的光合、抗氧化性以及金属离子吸收。

（3）硒元素对受损紫花苜蓿光合色素、抗氧化酶活性以及矿质金属元素含量的影响。与对照组相比，随着锌元素施加时间的延长，0.05g/L 的硒处理提高了紫花苜蓿的叶绿素 a、叶绿素 b、叶绿素总量和类胡萝卜素含量，0.025g/L 的硒处理则增强了 SOD、POD 和 CAT 活性，并且增进了紫花苜蓿对锌、硒、铜、铁、锰的吸收积累量。综合评价表明，0.05g/L 的锌处理能够提高受损紫花苜蓿的光合色素，但 0.025g/L 的硒处理则更明显地增强了紫花苜蓿的抗氧化性以及金属离子含量。

2.5.2　展望

本研究通过水培试验，研究了不同 UV-B 对紫花苜蓿的生长发育、生理特性和金属元素的影响，以及锌、硒金属元素对紫花苜蓿的生长发育、生理特性和金属元素的影响。但在未来的工作中仍需开展以下方面的研究：①准确标定和设置 UV-B 辐射光照的光源对紫花苜蓿的损伤处理效果；②UV-B 辐射损伤是否涉及植物的基因蛋白的损伤及锌硒溶液的修复性；③锌、硒溶液的喷施是否涉及其他的不良机制或基因作用。

参考文献

[1]　任继周. 我国传统农业结构不改变不行了——粮食九连增后的隐忧 [J]. 草业学报，2013，22（3）：1-5.

[2]　农业农村部. 全国苜蓿产业发展规划（2016—2020 年）[EB/OL]. 2017-01-20. http：//www.moa.gov.cn/nybgb/2017/dyiq/201712/t20171227_ 6129812. htm.

[3]　第一财经日报. 中国苜蓿产业，迎下一个"黄金十年" [DB/OL]. 2018-10-31. http：//finance. sina. com. cn/roll/2018-10-31/doc-ihnfikvc5354521. shtml.

[4]　GUO J C, REN D Z, CHUN S C. Effect of fertilization on biomass of alfalfa in returned farmland in semiarid loess hilly

area [J]. Acta Prataculturae Sinica, 2012, 5：1004-5759.

[5] GUO Z, ZHANG Z, XIAO J, et al. Root system development ability of several alfalfa cultivars in the hilly and valley regions of Loess Plateau [J]. Chinese Journal of Applied Ecology, 2002, 13 (8)：1007-1012.

[6] 佚名. 第六届（2015）中国苜蓿发展大会暨国际苜蓿会议在蚌埠成功举办 [J]. 中国奶牛, 2015 (21)：15.

[7] 罗永忠, 李广. 土壤水分胁迫对新疆大叶苜蓿的生长及生物量的影响 [J]. 草业学报, 2014 (4)：213-219.

[8] 周万海, 冯瑞章, 师尚礼, 等. NO对盐胁迫下苜蓿根系生长抑制及氧化损伤的缓解效应 [J]. 生态学报, 2016, 35 (11)：3606-3617

[9] 贾蓉, 庞妙甜, 杜利霞, 等. 5个苜蓿品种种子萌发期干旱耐受性研究 [J]. 中国草地学报, 2018, 40 (5)：116-121.

[10] 李小冬, 莫本田, 牟琼, 等. 紫花苜蓿高温诱导启动子pMsMBF1c的克隆与功能分析 [J]. 草业学报, 2019 (1)：1004-5759.

[11] 刘菊梅, 曹博, 石春芳, 等. 紫花苜蓿根际效应对河套灌区土壤盐分和养分的影响 [J]. 南方农业学报, 2018 (2)：2095-1191.

[12] 吕昕培, 张吉平, 李永生, 等. 内蒙古科尔沁草原不同植物生境土壤盐分特征研究 [J]. 草地学报, 2017, 25 (4)：749-755.

[13] 王亚亚, 杨梅, 陆姣云, 等. 陇东苹果园土壤浸提液对黑麦草和紫花苜蓿种子萌发及幼苗生长的影响 [J]. 草业科学, 2018, 35 (3)：551-557.

[14] 王伟. UV-B辐射增强下喷施氯化镧对紫花苜蓿生理特性的影响 [D]. 北京：中国农业大学, 2017.

[15] 武文莉，吴冬强，张静，等.铁锌配施对河西走廊地区紫花苜蓿品质和相对饲用价值的影响 [J].中国草地学报，2018，40（4）：1673-5021.

[16] 田春丽，李斌，刘芳，等.硒锌和富啡酸配施对紫花苜蓿叶片抗氧化酶活性及产量的影响 [J].草地学报，2018，26（4）：148-154.

[17] HEIJDE M，ULM R. UV-B photoreceptor-mediated signalling in plants [J]. Trends in Plant Science，2012，17（4）：230-237.

[18] ZHU P，YANG L. Ambient UV-B radiation inhibits the growth and physiology of *Brassica napus* L. on the Qinghai-Tibetan plateau [J]. Field Crops Research，2015，171：79-85.

[19] ZHANG F G，WANG B，WANG X L，et al. Cre-miR914 regulates heat shock adaptation in chlamydomonas reinhardtii [J]. Progress in Biochemistry & Biophysics，2017，44（6）：77-81.

[20] DOTTO M，CASATI P. Developmental reprogramming by UV-B radiation in plants [J]. Plant Science，2017，264：96-101.

[21] LIU H，HU B，ZHANG L，et al. Ultraviolet radiation over China：spatial distribution and trends [J]. Renewable and sustainable Energy Reviews，2017，76：1371-1383.

[22] 战莘晔，殷红，史洪杰，等.UV-B 辐射增强对粳稻剑叶光系统 Ⅱ 的影响 [J].南京农业大学学报，2017，40（5）：941-948.

[23] 郭威，黄宇，谢逾群，等.促己酸菌产己酸的优良放线菌的筛选 [J].酿酒，2016，43（3）：47-51.

[24] 张薇.铝胁迫下外生菌根真菌对酸性黄壤磷钾的利用

[D]. 重庆：西南大学，2015.

[25] 褚润. 三种湿地植物对 UV-B 辐射的响应及其生理生化机制 [D]. 兰州：甘肃农业大学，2018.

[26] 马瑄，李涛涛，赵亚男，等. 2 种杨树光合色素和抗氧化系统对 UV-B 与 NaCl 胁迫的响应 [J]. 西北植物学报，2015，35（10）：2042-2049.

[27] OLSZYK D. UV – B effects on crop：response of the irrigated rice ecosystem [J]. Journal of Plant Physiology，1996，148（s 1-2）：26-34.

[28] STURIKOVA H，KRYSTOFOVA O，HUSKA D，et al. Zinc，zinc nanoparticles and plants [J]. Journal of Hazardous Materials，2018，349：101-110.

[29] CAKMAK I，DA V D W，MARSCHNER H，et al. Involvement of superoxide radical in extracellular ferric reduction by iron-deficient bean roots. [J]. Plant Physiology，1987，85（1）：310-314.

[30] 王桂珍. 叶面喷施锌硒肥对食用菊品质的影响 [D]. 南京：南京农业大学，2016.

[31] 伏秋庭. 锌肥施用方式对烤烟生长发育及产量品质的影响 [D]. 成都：四川农业大学，2013.

[32] PREMYSL L，SYLVA PA，SARKA P，et al. The transcriptomic response of *Arabidopsis thaliana* to zinc oxide：a comparison of the impact of nanoparticle，bulk，and ionic zinc [J]. Environmental Science & Technology，2015，49（24）：14537-14545.

[33] NOULAS C，TZIOUVALEKAS M，KARYOTIS T. Zinc in soils，water and food crops [J]. Journal of Trace Elements in Medicine and Biology，2018，49：252-260.

[34] JAN A U，HADI F，MIDRARULLAH，et al. Potassium

and zinc increase tolerance to salt stress in wheat (*Triticum aestivum L.*) [J]. *Plant Physiology and Biochemistry*, 2017, 116: 101-105.

[35] WHITE P J. Selenium metabolism in plants [J]. Biochimica et Biophysica Acta (BBA) -General Subjects, 2018, 1862 (11): 2333-2342.

[36] NOVOSELOV S V. Selenoproteins and selenocysteine insertion system in the model plant cell system, Chlamydomonas reinhardtii [J]. EMBO (European Molecular Biology Organization) Journal, 2002, 21 (14): 3681-3693.

[37] RAYMAN M P. Selenium and human health [J]. The Lancet, 2012, 379 (9822): 1256-1268.

[38] SCHIAVON M, PILON-SMITS E A H. The fascinating facets of plant selenium accumulation-biochemistry, physiology, evolution and ecology [J]. New Phytologist, 2017, 213 (4): 1582-1596.

[39] 柴之芳, 祝汉民. 微量元素化学概论 [M]. 北京: 原子能出版社, 1994.

[40] 司丽, 刘作清, 李其萍. 内蒙古草原土壤与优良牧草中硒含量水平研究 [J]. 内蒙古环境保护, 1995 (3): 25-28.

[41] ZHANG Y, PAN G, CHEN J, et al. Uptake and transport of selenite and selenate by soybean seedlings of two genotypes [J]. Plant and Soil, 2003, 253 (2): 437-443.

[42] ZHU Z, ZHANG Y, LIU J, et al. Exploring the effects of selenium treatment on the nutritional quality of tomato fruit [J]. Food Chemistry, 2018, 252: 9.

[43] PADMAJA K, PRASAD D D K, PRASAD A R K. Effect of selenium on chlorophyll biosynthesis in mung bean seed-

lings [J]. Phytochemistry (Oxford), 1989, 28 (12): 3321-3324.

[44] DE J M A V, PESSOA M F G, SILVA M J, et al. Simultaneous Zinc and selenium biofortification in rice accumulation, localization and implications on the overall mineral content of the flour [J]. Journal of Cereal Science, 2018, 82: 34-41.

[45] 高俊凤. 植物生理学实验指导 [M]. 北京: 高等教育出版社, 2006.

[46] 曹建康, 姜微波, 赵玉梅. 果蔬采后生理生化实验指导 [M]. 北京: 中国轻工业出版社, 2007.

[47] 石连旋, 颜宏. 植物生理学实验指导 [M]. 北京: 高等教育出版社, 2013.

[48] 许长成, 邹琦, 程炳嵩. 硫代巴比妥酸 (TBA) 法检测脂质过氧化水平的探讨 [J]. 植物生理学报, 1989 (6): 58-60.

[49] 路文静, 李奕松. 植物生理学实验教程 [M]. 北京: 中国林业出版社, 2012.

[50] 吕志伟, 冯青, 吕艳伟, 等. 140 个冬小麦品种 (系) 对 UV-B 辐射的响应 [J]. 麦类作物学报, 2017, 37 (6): 841-845.

[51] HIDEMA J, KUMAGAI T. Sensitivity of rice to ultraviolet-B radiation [J]. Annals of Botany, 2006, 97 (6): 933-942.

[52] 杨雪伟, 赵允格, 许明祥. 黄土丘陵区藓结皮优势种形态结构差异 [J]. 生态学杂志, 2016, 35 (2): 370-377.

[53] UV-B 辐射对紫花苜蓿的胁迫效应及关联光受体作用机制探讨 [D]. 郑州: 河南师范大学, 2017.

[54] LI X. UV-B radiation suppresses chlorophyll fluorescence, photosynthetic pigment and antioxidant systems of two key species in soil crusts from the Tengger Desert, China [J]. Journal of Arid Environments, 2015, 113: 6-15.

[55] KATARIA S. Impact of increasing Ultraviolet - B (UV - B) radiation on photosynthetic processes [J]. Journal of Photochemistry & Photobiology B Biology, 2014, 137 (8): 55-66.

[56] SHENG-BO S, FA H. Effects of supplementary uv b radiation on net photosynthetic rate in the alpine plant gentiana straminea [J]. Acta Phytoecologica Sinica, 2001 (1): 1005-1010.

[57] GUIHÉNEUF F, FOUQUERAY M, MIMOUNI V, et al. Effect of UV stress on the fatty acid and lipid class composition in two marine microalgae Pavlova lutheri (*Pavlovophyceae*) and Odontella aurita (*Bacillariophyceae*) [J]. Journal of Applied Phycology, 2010, 22 (5): 629-638

[58] MA C H, CHU J Z, SHI X F, et al. Effects of enhanced UV - B radiation on the nutritional and active ingredient contents during the floral development of medicinal chrysanthemum [J]. Journal of Photochemistry and Photobiology B: Biology, 2016, 158: 228-234.

[59] MORTON J, AKITA F, NAKAJIMA Y, et al. Optical identification of the long - wavelength (700 ~ 1 700nm) electronic excitations of the native reaction centre, Mn_4CaO_5 cluster and cytochromes of photosystem II in plants and cyanobacteria [J]. Biochimica et Biophysica Acta (BBA) -Bioenergetics, 2015, 1847 (2): 153-161.

［60］ 周宇飞，王德权，陆樟镳，等. 干旱胁迫对持绿性高粱光合特性和内源激素 ABA、CTK 含量的影响 ［J］. 中国农业科学，2014，47（4）：655-663.

［61］ 孙玉敬，乔丽萍，钟烈洲，等. 类胡萝卜素生物活性的研究进展 ［J］. 中国食品学报，2012，12（1）：160-166.

［62］ 高玉云，毕英佐，谢青梅，等. 类胡萝卜素的吸收代谢及其功能的研究进展 ［J］. 动物营养学报，2010，22（4）：823-829.

［63］ RICCIONI G，D'ORAZIO N，SPERANZA L，et al. Carotenoids and asymptomatic carotid atherosclerosis ［J］. Journal of Biological Regulators & Homeostatic Agents，2010，24（4）：447.

［64］ MILLER A F. Superoxide dismutases：active sites that save，but a protein that kills ［J］. Current Opinion in Chemical Biology，2004，8（2）：162-168.

［65］ RUBIO M C，JAMES E K，BUCCIARELLI B，et al. Localization of superoxide dismutases and hydrogen peroxide in legume root nodules ［J］. Molecular Plant-Microbe Interactions，2004，17（12）：1294-1305.

［66］ 杨淑慎，高俊凤. 氧、自由基与活性植物的衰老 ［J］. 西北植物学报，2001，21（2）：101-110.

［67］ 王锦旗，郑有飞，薛艳. UV-B 辐射对菹草成株叶绿素荧光参数的影响 ［J］. 生态学杂志，2015，34（7）：1898-1904.

［68］ 黄守程，高青海，舒英杰，等. 氯化镧对铝胁迫下大豆幼苗抗氧化能力及光合性能的影响 ［J］. 安徽科技学院学报，2016，50（2）：10-15.

［69］ ALSCHER R G，ERTURK N，HEATH L S. Role of superoxide dismutases（SODs）in controlling oxidative stress in plants [J]. Journal of Experimental Botany, 2002, 53 (372): 1331-1341.

[70] ZHANG H J, YAO X Q, HUANG Y Q, et al. Responses of Maize Seedling Phoposynthesis in Different Inbreed Lines to Enhanced Ultraviolet - B Radiation [J]. Acta Agriculturae Boreali-Sinica, 2013, 28 (4): 105-109.

[71] ŠTROCH M, MATEROVÁ Z, VRÁBL D, et al. Protective effect of UV-A radiation during acclimation of the photosynthetic apparatus to UV-B treatment. [J]. Plant Physiology & Biochemistry, 2015, 96: 90-96.

[72] 全瑞兰, 玉永雄. 淹水对紫花苜蓿南北方品种抗氧化酶和无氧呼吸酶的影响 [J]. 草业学报, 2015, 24 (5): 84-90.

[73] YANG Q, LI Y, WANG L, et al. Effect of lanthanum (Ⅲ) on the production of ethylene and reactive oxygen species in soybean seedlings exposed to the enhanced ultraviolet-B radiation [J]. Ecotoxicology and Environmental Safety, 2014, 104: 152-159.

[74] COFFEY A, MAK J. Effects of natural solar UV - B radiation on three Arabidopsis accessions are strongly affected by seasonal weather conditions [J]. Plant Physiology Biochemistry, 2018, 9 (1): 64-72.

[75] 张新兰. 不同品种苜蓿叶片离体干旱胁迫过程中抗氧化酶活性动态 [J]. 草业科学, 2008, 25 (2): 77-83.

[76] 周瑞莲, 张承烈, 金巨和. 水分胁迫下紫花苜蓿叶片含水量、质膜透性 SOD、CAT 活性变化与抗旱性关系研究 [J]. 中国草地学报, 1991 (2): 20-24.

[77] PEI C, MA Z, WANG X, et al. Impact of UV-B radiation

on aspects of germination and epidemiological components of three major physiological races of *Puccinia striiformis* f. sp. tritici [J]. Crop Protection, 2014, 65 (4): 6-14.

3 木质纤维素降解菌的筛选鉴定及降解产物研究

3.1 前言

3.1.1 木质纤维素概述

3.1.1.1 木质纤维素来源及组成

木质纤维素由纤维素、半纤维素和木质素组成，是维持植株形态，保护植物组织的重要物质，广泛存在于植物界各种植物细胞壁中。自然界中绿色植物通过同化作用将无机碳转化为糖类储藏于组织中，这些葡萄糖经过不同的聚合反应进一步合成为半纤维素、纤维素等复杂的化合物，木质素则由含苯环的氨基酸通过转氨基作用进行转化合成[1]。它们再通过酯键、醚键等化学键连接形成高聚合大分子，纤维素长链扭曲成外部疏水的微纤丝，然后木质素通过静电作用与变构后的半纤维素结合，半纤维素桥接纤维素微纤丝的疏水区域，三者形成复杂的木质纤维素复合体[1]。

半纤维素常由木糖、阿拉伯糖等单糖聚合构成，半纤维素具有一定的亲水性，使得植物细胞具有纤维弹性，比纤维素容易降解；纤维素是较难降解的大分子聚合物，是生物界中分布最广、含量最高的生物质，其含量占植物界碳含量的 50% 以上；如图 3-1 所示[2]，木质素主要通过化学键交联纤维素和半纤维素组成植物细胞壁，具有运输水分和保护等功能，其含量占生物质的 10%~30%[3-5]。

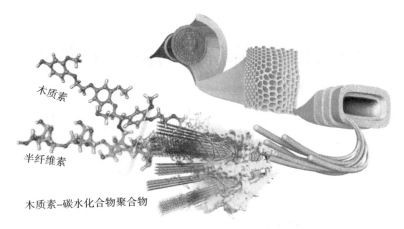

木质素

半纤维素

木质素–碳水化合物聚合物

图3-1　细胞壁中木质素和碳水化合物的三维图[2]

3.1.1.2　木质素结构及理化性质

木质素是仅次于纤维素和甲壳素的生物质，与微纤丝和半纤维素一起构成植物细胞壁骨架[6,7]。木质素本质是具有三维空间结构的无定型的芳香物，主要是不同的苯丙烷基团组合成相应的醇单体，且含有多种含氧官能团，如甲氧基、羟基、羧基等活性结构[8]。

现有研究表明，木质素主要由三种基本单体构成，根据木质素单体类型的不同可以将其分为三类[4,9]：由紫丁香基苯丙烷结构单体聚合而成的紫丁香基木质素（Syringyl lignin，S-木质素），芥子醇为对应的前体；由愈创木基苯丙烷结构单体聚合而成的愈创木基木质素（Guajacyl lignin，G-木质素），松柏醇是其前体；由对羟基苯基苯丙烷结构单体聚合而成的对羟基苯基木质素（Hydroxyphenyl lignin，H-木质素），香豆醇是其对应的前体[10]。

学者研究发现不同植物的木质素组成结构具有较大差异性，裸子植物木质素通常由愈创木基苯丙烷组成[11]，而被子植物木质素主要由紫丁香基和愈创木基苯丙烷组成，草本类植物木质素通常多由愈创木基、紫丁香基和对羟基苯基苯丙烷结构单元聚合而成等[12]，而单子叶草本植物紫丁香基较多。木质素含量不仅仅与植物种类有关，环境的影响也会使得木质素含量表现出较大差异性[13]，紫外辐射、降水量以及日照时长等均会影响木质素积累。

木质素呈白色或接近白色，在电子显微镜下显示为球形，具有较强的疏水性，相对密度大约在 1.4[14,15]。天然的木质素分子内部氢键键能大，这是因为木质素中许多芳香基团通常带有极性官能团，使得木质素不溶于一般溶剂。但是通过不同处理方法可以改变，如酸碱处理可以得到木质素磺酸盐和碱性木质素，处理后的氨化木质素极易溶于水[16]。

3.1.1.3 纤维素结构及理化性质

天然纤维素由结构稳定的吡喃型葡萄糖组成，这些稳定的吡喃环葡萄糖通过糖苷键形成长链状，链状分子再形成糖链片层，最后通过分子间氢键形成纤维丝进而形成束状微纤丝。这些束状的微纤丝中部分吡喃环上的羟基处于游离状态，空间结构比较松散，被称为非结晶纤维素，这些区域也叫作无定形区[17]。另外，随着高分子聚合度的增大，微纤丝中不同吡喃环基团的羟基间形成较稳定的氢键，使得纤维素形成致密的晶体结构，这些微晶纤维素组成的区域被称为结晶区。在植物中这些结晶纤维素较多，通常它们占植物体纤维素总含量的 70% 左右[6,7,18]。

天然的纤维素是混合物，呈现白絮状或粉状，亲水性较差，表现出较强的极性，分子内部作用力很强，由于长链的微纤丝内部葡萄糖基团为船型连接，这样的空间结构使得其不易扭转，具有很强的刚性。不同种类植物的纤维素聚合度不同，通常禾本科聚合度较低，木本植物聚合度高。结晶度较高的纤维素因其空间构象，水解酶无法充分接触，故较难降解。

3.1.1.4 饲草中木质纤维素

饲草作为畜牧业重要的饲料，能为草食家畜提供充足的能量来源。饲草中木质素含量较低，研究表明燕麦干草酸性洗涤木质素

（ADL）含量占干物质 5.45%，苜蓿干草酸性洗涤木质素含量占干物质 5.38%[19]。通常草本类的木质素含量较低，为 20%左右[20]。饲草含有丰富的纤维素，草食动物肠胃微生物能消化部分纤维素，但是木质素使得纤维素和半纤维素不易与水解酶结合，动物体内肠道微生物无法接触到纤维素，故饲料利用率低。木质素降低后饲草纤维素利用率显著提高[21]。

饲草中一定含量的纤维素和半纤维素是其作为粗饲料的必备条件，这些多糖聚合物在不同动物体内被不同方式分解掉，牛、羊等反刍动物通过瘤胃发酵，利用瘤胃微生物分解纤维素，同时产生甲烷气体[22]，而马、驴、兔等单胃动物通过肠道内微生物分解利用纤维素。木质素是影响这些分解进程的重要因子，而不同类型的饲草木质素含量差异大，许多禾本科植物木质素含量较接近阔叶木[20]，通过降解木质素可以释放较多易降解的多糖聚合物。

3.1.2 木质纤维素微生物降解研究概述

3.1.2.1 降解木质素的主要微生物种类与相关酶

真菌不仅对木质素的降解利用效果良好，而且其在植物残体降解过程中起重要的作用，自然界中植物枯枝落叶、树干等大多被真菌所分解，所以 20 世纪学者主要将精力投入真菌降解木质素的研究中，其中白腐真菌降解能力较强[23]，属于担子菌亚门，因为降解过程中降解物表面呈现出白色的菌丝，所以称这一类菌为白腐真菌[24]，它不是生物学定义的某一特定物种，而是一类真菌的统称。其中黄孢原毛平革菌（*Phanerochaete chrysosporium*）菌丝生长较快快、繁殖迅速、分泌的相关木质素降解酶活性强，是研究白腐真菌较为常见的微生物。但通常真菌对降解环境比较敏感，目前工业化应用仍然较少[25]

大自然中大多数细菌无法降解木质素或者无法单独降解木质素，通常它们能形成降解木质素的聚合体（Microbial consortium）共同降解木质素[26]，而有些细菌只能降解木质素的一部分。木质素降解细菌大多为好氧细菌，这些细菌主要是放线菌、变形菌和厚壁菌[27,28]。它们对环境适应性强，虽然产酶能力较弱，但可以通过基因工程进行产酶基因修饰，使产酶基因过表达，从而提高产酶量。

迄今为止，关于真菌降解木质素机理的研究已经较多，一般认为降解木质素的真菌通常具备木质素过氧化物酶、锰氧化物酶和漆酶。漆酶是一种高效降解木质素的含铜氧化酶，它能够氧化木质素芳香环的酚羟基，从而使芳香环内部的电子稳定性被打破，使得芳香环断裂。而黄孢原毛平革菌虽然缺少漆酶，但有研究表明，其降解能力仍然较强。漆酶并不是降解木质素唯一的酶，对漆酶进行结构分析发现，它是一种含铜离子的多铜氧化酶，氧化还原电势低，利于反应的进行，而它通常需要介体来促进酶促反应的进行[11,29,30]。此外，木质素过氧化物酶和锰氧化物酶都是含有亚铁离子的木质素降解蛋白酶，前者可降解木质素内部的带羟基芳香环，后者则能够将酚环上的甲氧基去除，从而使其容易进入下一步的降解。

目前，细菌降解木质素的相关研究开始变多，因为细菌的适应性强，分泌的酶通常具有更好的热稳定性以及更广的 pH 值耐受范围[31]。细菌同样可以产生木质素过氧化物酶和木质素锰氧化物酶，此外细菌产生的有机酸可促进木质素的降解[32]。

除木质素过氧化物酶、锰氧化物酶和漆酶以外，微生物也能产生一些与降解过程密切相关的其他酶，包括阿魏酸酯酶、双加氧酶、乙二醛氧化酶、酚氧化酶和芳醇氧化酶等[30]。阿魏酸是一种功能强大的酚酸，它主要用过酯键联接植物细胞壁中的多糖和木质素从而形成植物的细胞骨架[33]，而阿魏酸酯酶能够水解植物木质纤维结构中的酯键，打破它们形成的网状结构，促进木质素降解[34,35]。同时阿魏酸在单子叶植物中是木质素和半纤维素连接重要的酸，它在单子叶植物中替代部分阿拉伯糖，通过形成阿魏酸二聚体与木质素中重要的 ρ-香豆酸连接，尤其在 C4 植物中形成较高程度的 ρ-香豆酸，在 C3 植物中酯化程度略低[21,36]。3，4-双加氧酶能将木质素降解中间产物原儿茶酸盐的苯环打开，经过羧化成为羧酸进入三羧酸循环[10,30,37]。当然，这些降解木质素的酶不仅存在于与微生物体内，植物在次生壁形成时，同样会分泌木质素过氧化物酶、漆酶和阿魏酸酯酶等[21]。

3.1.2.2 降解纤维素主要微生物种类与相关酶

降解纤维素的真菌主要是好氧真菌，其降解模式主要是通过细胞分泌胞外游离的纤维素酶，少数厌氧真菌通过产生复合纤维小体降解纤维素[38,39]。细菌降解纤维素模式略有不同，好氧细菌哈氏噬纤维细菌（*Cytophaga hutchinsonii*）和厌氧细菌产琥珀酸丝状杆菌（*Fibrobacter succinogenes*）具有不同的降解模式，被称为细胞结合型非复合体纤维素降解模式[40]。通过产生各种功能蛋白，组装成复合纤维小体，由催化区域、支架蛋白、底物结合区（CBM区）、细胞壁结合区、黏连蛋白等构成。复合纤维小体附着于细胞表面便于分解纤维素[41]。纤维素的合成和木质素的合成受物种基因调控影响，这些基因表达过程也具有一定联系，通过转录组分析发现，这些基因主要涉及纤维素合酶、纤维素羟化酶以及水解酶相关[42]。

纤维素酶是葡萄糖内切酶、葡萄糖外切酶、葡萄糖苷酶等水解酶的总称。其中葡萄糖内切酶作用于纤维素的非结晶区域，将其水解为较长的多糖链，葡萄糖外切酶作用于纤维素还原端和非还原端，将其水解为二糖，水解后的二糖再经过葡萄糖苷酶作用水解为葡萄糖。

3.1.2.3 微生物降解木质素的应用

通过微生物炼制原料，可以得到清洁、安全的目标产物，香草醛是木质素降解过程中的一种中间产物，可作为高档香料、食用香精饮料添加剂等[43,44]。不同类型的微生物降解木质素产生的化合物包括芳基乙醚、联苯、二芳基丙烷、松脂醇、苯基香豆素、阿魏酸和原儿茶酸及其盐类等[45]，通过微生物工程可以得到很多工业化工产品。其中利用微生物发酵获得其降解酶也是一种经济有效的手段。

　　环境污染和废污处理是全球性热点问题，研究发现阿氏芽孢杆菌 DC100 能产生木质素降解酶，通过它处理来自纺织加工业的残余染料，并可作为一种生物类除污剂使用。造纸行业利用硫酸盐等化学试剂去除木质素，能耗高、污染大、原料利用率较低，造纸厂产生的大量的黑液需要处理后才能排放，通过微生物降解木质素除污，可以除去化学需氧量（Chemical oxygen demand，COD）和大量的木质素降解中间产物，并对黑液进行脱色处理。

　　低木质素饲草是畜牧业理想的粗饲料，木质素影响着纤维素、半纤维素、糖类和蛋白质等养分的利用。通过物理技术降低木质素成本过高而且效果较差，难以满足畜牧业的需求。化学法高效、廉价，通过酸碱处理可以软化茎秆，降低木质素含量，但同时化学法对环境污染较大，而且大量的酸碱对饲草养分的破坏极大。生物降解法具备绿色、清洁和安全等特点，通常通过酶和微生物作用于目的饲草，青贮是理想的加工方式。通过添加微生物制剂，小麦秸秆发酵 10d 后木质素降解率提高 10%以上[46]。

3.1.2.4　微生物降解纤维素的应用

　　微生物降解纤维素在第一产业和第二产业中均有应用。微生物降解纤维素是绿色高效的方法，是生态链中的分解者，通常包括真菌、细菌和放线菌[47]。物理法和化学法降解纤维素已经被认为是高能耗、高污染、低回报的降解方式。微生物降解主要具备低能耗、处理便捷、污染小和成本低等优点[24]。第一产业利用微生物降解纤维素主要体现在秸秆堆肥上，能够减少焚烧造成的大气污染[48]。其次畜牧企业利用微生物发酵剂降解青贮饲料中的纤维素，提高饲料消化率。

　　微生物降解纤维素在第二产业中多用于工业发酵产乙醇等工业产品[49]。也有通过基因工程手段使特定菌种具备纤维素降解能力，例如大麦青贮饲料中添加产阿魏酸酯酶的乳酸菌和纤维素酶可提高饲料消化率[50]，苜蓿干草添加产纤维素酶和阿魏酸酯酶的细菌菌剂后，可提高羔羊的生长性能和消化性能[51]。

3.1.2.5 木质纤维素生物降解研究进展

国际上对木质素和纤维素的研究均较多且较为深入，对于木质素主要研究是木质素生物质资源利用[52]，主要以微生物发酵形式将其转化，发酵过程中的产物用于不同行业。对于纤维素的微生物降解和纤维素产酶方面的研究较多，包括耐热纤维素酶、耐盐纤维素酶、产纤维素酶基因异源表达及工业化生产均有研究。物理法和化学法在降低木质素研究中有许多重大突破，例如利用太阳能，在加入纳米粒子催化剂条件下可以降解木质素[53]。类似的，使用五氧化二铌（Nb_2O_5）做催化剂，250℃，0.7MPa压力下通过加氢脱氧降解木质素[54]。但是这些降解技术条件难以达到，成本较高是木质素广泛利用或降解中的难题。

基因编辑技术是改变木质素含量有效的手段[55,56]，虽然技术仍有待完善，但现有研究已经较多。通过沉默木质素、纤维素、半纤维素和果胶等相关合成基因，使得这些物质间化学键改变，单体组合方式改变，最终使得糖的释放量增大，而这样的技术通常并不会改变总木质素含量[57]。木质素的相关单体通过芳香族氨基酸作为前体进行合成，苯丙氨酸、色氨酸和酪氨酸在合成过程中需要相关的脱氨酶，通过下调关键酶合成基因表达量，使得木质素合成量减少。

木质素合成以及降解相关的基因编辑技术无法得到广泛推广，仍有待继续研究，以达到更安全成熟的应用效果。木质素降解中间产物丰富，如香草醛可以作为香料，愈创木酚可用于医药或工业染料[58]，而儿茶酸和原儿茶酸则是医学上动脉硬化抑制剂[59]，是许多商品试剂的必备原料。利用木质素含量高的原料嗜热脂肪地芽孢杆菌（*Geobacillus stearothermophilus* SMIA-2）能产生耐热的纤维素酶[60]，降解甘蔗渣。应用耐热的纤维素酶可降解稻秸堆肥，耐热性酶可在堆肥产热过程中完成对纤维素的分解。我国学者在西藏发现一株地衣芽孢杆菌（*Bacillus subtilis* BY-4），目的菌株可产生酸性纤维素酶[61]。

3.1.3　研究目的与研究内容

3.1.3.1　研究目的与意义

木质纤维素是自然界含量最高的生物质，饲草作为草食动物必备的粗饲料，其消化率是饲草资源利用的关键，草食动物可利用肠胃微生物发酵利用纤维等多糖聚合物，但是由于木质素与多糖聚合物间作用力强导致其吸收效率低，减少木质素与多糖聚合物间的作用力成为提高饲草消化率的有效途径之一。通过物理方法和化学方法降解木质素是直接有效的方式，但饲用木质纤维素资源应该遵循安全、绿色、高效等原则。

本研究从不同来源分离木质纤维素分解菌，包括土壤、作物秸秆、饲料等来源，筛选高效、安全的木质纤维素降解微生物，为饲草的高效利用提供支持。对不同来源木质纤维素降解微生物进行筛选有利于扩大饲用微生物资源，因此研究不同源木质纤维素降解微生物及其降解机制极为重要。本研究筛选不同细菌，包括厚壁菌门、变形菌门和放线菌门细菌，以不同木质素或不同纤维素为碳源，分析其生长特性、产酶活性及降解产物详情，通过综合筛选适合饲草木质纤维素降解的微生物，为畜牧业饲草资源高效利用提供支持。

3.1.3.2　研究内容

本研究从土壤库、作物秸秆和饲料中筛选出木质纤维素降解细菌，研究其生物学基本特征、显微成像情况及亲缘关系，并分析其产酶情况及降解不同木质纤维素产物详情，通过紫外分光光度法和气质联用等技术分析其降解机制，最后进行实验室规模下的干草捆接种剂应用情况。主要研究分为以下 4 个部分。

（1）不同来源木质纤维素降解微生物筛选。通过木质素单碳培养基筛选具备木质素降解能力的微生物，观察其生长情况，进一步通过其木质素酶和纤维素酶特性筛选出目的微生物，并进行显微成像和亲缘关系建立。

（2）不同微生物产酶活力测定。测定筛选的目标微生物对碱性木质素 3d 的降解效率。再通过分光光度计测定不同微生物发酵不同时间的酶活性，包括纤维素和木质素相关的 3 种酶活性。同时测定目标菌株酶活性较高的木质素过氧化物酶和锰氧化物酶的最适宜温度。

（3）不同分离源微生物对碱性木质素降解产物研究。通过气相色谱和质谱仪分析不同微生物在碱性木质素中降解产物的类别。分析不同微生物对碱性木质素的降解特性和机制。

（4）不同微生物作为干草接种剂的效果。通过制作实验室小型干草捆，添加菌剂观察一定时间后干草捆品质的变化，通过近红外检测技术分析其木质纤维素相关组分的变化。

3.1.3.3 技术路线

技术路线如图 3-2 所示。

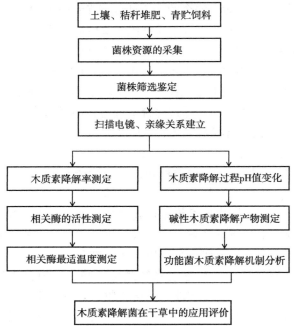

图 3-2 技术路线

3.2 试验材料和方法

3.2.1 试验材料与仪器

3.2.1.1 试验试剂

主要试剂：碱性木质素、木质素磺酸钠、纤维素、羧甲基纤维素钠、葡萄糖、胰蛋白胨、酵母粉、琼脂粉、刚果红、苯胺蓝、亮蓝、戊二醛、氯化钠（NaCl）、磷酸氢二钠（Na_2HPO_4）、磷酸二氢钠（NaH_2PO_4）、硫酸铵［$(NH_4)_2SO_4$］、硫酸镁（$MgSO_4$），以上试剂均为分析纯试剂。乙酸乙酯（色谱纯）、正己烷（色谱纯）、1,4-二氧六环（色谱纯）。

筛选后的试验菌株通过液体石蜡斜面保存法保藏于-4℃冰箱。

试验所用试剂盒：纤维素酶（CL）活性检测试剂盒，木质素过氧化物酶（LiP）活性检测试剂盒，木质素锰过氧化物酶（Mnp）活性检测试剂盒，漆酶（Lac）活性检测试剂盒，所有试剂盒均购买自北京索莱宝科技有限公司。

3.2.1.2 培养基

LB营养固体培养基：胰蛋白胨10g/L，酵母提取物5g/L，NaCl 10g/L，琼脂粉22g/L，H_2O 1L。

马铃薯葡萄糖固体培养基（PDA）：去皮马铃薯200g/L，葡萄糖200g/L，琼脂粉22g/L，H_2O 1L。

碱性木质素固体培养基：$(NH_4)_2SO_4$ 2g/L，$MgSO_4$ 0.5g/L，K_2HPO_4 1g/L，NaCl 0.5g/L，碱性木质素5g，琼脂粉22g/L，H_2O 1L。

木质素磺酸钠固体培养基：$(NH_4)_2SO_4$ 2g/L，$MgSO_4$ 0.5g/L，K_2HPO_4 1g/L，NaCl 0.5g/L，木质素磺酸钠5g，琼脂粉22g/L，H_2O 1L。

羧甲基纤维素钠固体培养基：$(NH_4)_2SO_4$ 2g/L，$MgSO_4$ 0.5g/L，

K_2HPO_4 1g/L，NaCl 0.5g/L，羧甲基纤维素钠 5g，琼脂粉 22g/L，H_2O 1L。

纤维素刚果红固体培养基：$(NH_4)_2SO_4$ 2g/L，$MgSO_4$ 0.5g/L，K_2HPO_4 1g/L，NaCl 0.5g/L，纤维素 5g，琼脂粉 22g/L，H_2O 950mL，0.4g 刚果红粉末溶于 50mL 无菌水中，用一次性医用注射器吸取刚果红染液，再装上无菌过滤器注入灭菌后的培养基中趁热于超净台中混合均匀。

木质素苯胺蓝培养基：$(NH_4)_2SO_4$ 2g/L，$MgSO_4$ 0.5g/L，K_2HPO_4 1g/L，NaCl 0.5g/L，碱性木质素 5g，琼脂粉 22g/L，H_2O 950mL，苯胺蓝粉末 0.25g 溶于 50mL 无菌水中，用一次性医用注射器吸取苯胺蓝染液，再装上无菌过滤器注入灭菌后的培养基中趁热于超净台中混合均匀。

木质素亮蓝培养基：$(NH_4)_2SO_4$ 2g/L，$MgSO_4$ 0.5g/L，K_2HPO_4 1g/L，NaCl 0.5g/L，碱性木质素 5g，亮蓝 0.25g，琼脂粉 22g/L，H_2O 1L。

3.2.1.3 试验仪器

仪器使用情况见表 3-1。

表 3-1　试验仪器

仪器	型号	厂家
酸度计	PHS-3C	上海佑科仪器仪表有限公司
不锈钢电热板	DB-2	常州国华电器有限公司
立式压力蒸汽灭菌器	LS-50HG	江阴滨江医疗设备有限公司
恒温气浴振荡培养箱	HH-S6A	北京科伟永兴仪器有限公司
超净工作台	SJ CJ-2F	苏州苏洁净化设备有限公司
超纯水机	1810V	上海摩勒科学仪器有限公司
光学数码显微镜	BM2000	南京江南永新光学有限公司
电子天平	FA1104B	上海越平科学仪器有限公司
恒温培养箱	GXZ-280B-LED	宁波江南仪器厂

（续表）

仪器	型号	厂家
扫描电子显微镜	JSM-6490V	日本电子株式会社
高速冷冻离心机	Thermo Micro 21/21R	赛默飞世尔科技公司
高速冷冻离心机	Eppendorf 5810R	德国艾本德股份有限公司
气相色谱-质谱联用仪	Thermo Trace ISQ	赛默飞世尔科技公司
快速溶剂萃取仪	Thermo ASE 350	赛默飞世尔科技公司
氮气吹扫仪	EYELA MGS-2200	东京理化器械株式会社

3.2.2　菌株筛选鉴定方法

3.2.2.1　木质纤维素降解菌初筛

木质纤维素降解菌主要分离源为土壤、秸秆堆肥、青贮饲料，腐殖质丰富的土壤样品采集自山西农业大学校园内，秸秆堆肥采集自山西省晋中市北洸乡玉米秸秆堆肥地（未添加秸秆发酵剂），青贮饲料样品取自山西省太谷县昌晟农牧合作社全株玉米青贮窖（无微生物添加剂）。样品各取 500g，放置于装有冰袋的取样盒中带回实验室。

各样品编号后，分别取 3 份，每份 10g 置于 100mL 灭菌锥形瓶中，加入 0.9% 的生理盐水 50mL，往复振荡 10 次，将锥形瓶中液体分别过滤至 50mL 锥形瓶中，作为初始浓度液体。初始液体按照稀释梯度（1×10^{-1}、1×10^{-2}、1×10^{-3}、1×10^{-4}、1×10^{-5}）稀释，稀释后尽快接种。配制碱性木质素固体培养基和羧甲基纤维素钠固体培养基，培养基采用高压湿热灭菌法，条件为 121℃ 灭菌 15min。培养基灭菌后，各取稀释后液体 20μL 至碱性木质素琼脂培养基和羧甲基纤维素钠培养基中，用灭菌后的涂布棒进行涂布，使稀释后液体均匀分布在平板中，30℃ 避光倒置培养 24h。

取菌落长势良好的培养基，挑取单菌落进行划线，接种于 LB 平板培养基和 PDA 平板中纯化，30℃ 倒置培养 24h。纯化培养后，选取单独菌落接种于试管中，每个菌落接种 10 只斜面培养基，作为初代菌种临时保藏于实验室。于 30℃进行斜面培养 24h，培养后加入液体石蜡进行保藏并编号，液体石蜡用量以刚没过培养基为宜，加入液体石蜡的试管竖直向上存放于 4℃冰箱。

3.2.2.2　木质纤维素降解菌复筛

将初筛的菌种从加入液体石蜡的试管中取出并活化，活化方法为：用接种环挑取试管斜面中的菌，沥干石蜡油，划线至 LB 琼脂平板培养基中或 PDA 琼脂平板培养基中。30℃培养 24h 后挑取少量菌，接种于 50mL 灭菌 LB 肉汤和 PDA 肉汤的锥形瓶中进行菌种复壮，锥形瓶上使用无菌封瓶膜密封。复壮条件为：35℃，120r/min，复壮后菌液置于 4℃冰箱保藏备用。

配制木质素苯胺蓝琼脂培养基，筛选具备木质素过氧化物酶或锰氧化物酶的菌株，将浓度为 1 %的苯胺蓝溶解于无菌水中。通过细菌滤器（0.45μm）注射进灭菌后的培养基中混合均匀，再进行倒平板操作。用移液枪移取复壮后菌液 5μL，均匀点菌于培养基中，30℃倒置培养 72h，其间观察菌落水解圈出现与否及水解圈大小。

配制木质素亮蓝培养基，筛选产漆酶的菌株。亮蓝粉末和琼脂溶解于水中和离子溶液分开灭菌，灭菌后混匀器混匀，进行倒平板操作。用移液枪移取菌液 5μL 接种至平板培养基中，30℃倒置培养 72h，观察水解圈有无并做记录。

3.2.2.3　菌株序列分析及亲缘关系分析

筛选具备降解能力的菌株进行编号，在 LB 琼脂培养基斜面培养后，送至南昌科畅生物技术有限公司进行目的菌株 DNA 序列分析鉴定，具体测定步骤如下：

用 Omega 细菌、真菌基因组 DNA 抽提试剂盒，提取菌株的总DNA，然后用 27F 和 1 492R引物 PCR 扩增细菌的 16S rDNA，NL1和 NL4 引物 PCR 扩增酵母的特异性 DNA 片段、ITS1 和 ITS4 引物PCR 扩增真菌的特异性片段。引物序列如下。

27F：（5′-AGAGTTTGATCCTGGCTCAG-3′）

1 492R：（5′-TACGGCTACCTTGTTACGACTT-3′）

NL1：（5′-CCGTAGGTGAACCTGCGG-3′）

NL4：（5′-CCGTAGGTGAACCTGCGG-3′）

ITS1：（5′-CCGTAGGTGAACCTGCGG-3′）

ITS4：（5′-CCGTAGGTGAACCTGCGG-3′）

收到南昌科畅生物技术有限公司测序结果后，将检测后菌株的 16S rDNA 序列上传到 NCBI 数据库进行比对，运用 BLAST 程序包进行序列相似性比较，确定其最可能的种名。将鉴定后菌株 16S rDNA 序列和模式菌株序列导入 MEGA 7.0 软件进行系统发育分析（Phylogenetic analysis），再运用邻接法（Neighbor-joining method）构建系统发育树。

3.2.2.4　生长曲线建立

不同种属的细菌对环境的适应性不同，在培养基养分含量一定的情况下微生物从接种到衰亡需要经历数十个小时。建立生长曲线有益于筛选具备快速定植能力的细菌，这些菌适应新环境能力强，能快速参与降解反应。

配制 LB 肉汤培养基，121℃条件下灭菌 15min，培养基冷却后在无菌操作台将其分装于 50mL 三角瓶中，分别接种筛选的 6 种细菌菌落少许于 50mL 三角瓶中，用灭菌封瓶膜封口，在 120r/min，30~35℃条件下发酵至 OD_{600} 值为 1.0 左右，作为种子液备用，放置于 4℃冰箱中冷藏。LB 肉汤灭菌后分装于小试管中，每只试管 5mL 培养基，用移液枪移取先前发酵的种子液 50μL 加入小试管中混合均匀，试管放置于恒温气浴摇床，培养条件：120r/min，30~35℃，培养 48h，每两小时取样测定 OD_{600} 值，以未接种菌的培养基为对照组，每个样品两个平行。

3.2.2.5　扫描电镜分析

鉴定后的木质纤维素降解菌株，分别用 LB 肉汤培养基于 120r/min，30℃条件下发酵培养 24h。离心管中加入发酵菌液

2mL，在4℃条件下8 000×*g*离心3min，弃去上层培养基，加入磷酸缓冲溶液（pH值为7.2）洗涤沉淀后再次离心，重复3次后弃去上清液加入2.5%戊二醛，在4℃冰箱固定24h备用。

使用乙醇进行脱水处理，浓度梯度分别为30%、50%、70%、80%、90%。每次加入酒精后重悬细菌，在漩涡振荡器上混匀，静置5min，5 000×*g*离心2min。梯度脱水离心后，用无水乙醇洗脱两次，离心弃去上清液后用无水乙醇重悬细菌待测。

将盖玻片放入1mol/L HCl溶液中浸泡12h，用无水乙醇将盖玻片清洗干净，超声波处理30min，烘干备用。吸取重悬后菌液5～10μL，滴加在盖玻片上，干燥后样品送至山西农业大学实验教学中心进行扫描电镜观察。

3.2.2.6 不同类型木质纤维素利用

配制碱性木质素、木质素磺酸钠、纤维素和羧甲基纤维素钠4种单一碳源的培养基，将培养基灭菌后，分别于超净工作台中用移液枪移取5mL四分格培养皿中，并做标记。平板培养基冷却后，置于4℃冰箱备用，用接种环分别接种筛选后目标菌株于四分格培养基中，30℃恒温培养3d，对比其菌落生长情况，并使用十字交叉法测量菌落大小。

配制4种单一碳源的液体培养基，并在121℃条件下灭菌15min，灭菌后的锥形瓶中各加入50mL液体培养基，移液枪取10μL对数期发酵菌液，加入锥形瓶中摇匀。接种后锥形瓶在120r/min转速下，30℃培养24h。

3.2.3 菌株降解能力试验方法

3.2.3.1 木质素降解率测定

分别用纤维素单碳培养基和碱性木质素单碳培养基对6种细菌进行发酵培养，将灭菌后培养基分装入50mL锥形瓶中，用无菌封瓶膜密封。培养条件为35℃，120r/min，分别培养24h、48h和72h，同时设置3个平行。发酵完成时，用移液枪移取发酵液于

2mL 离心管中置于冰箱中，每个样品取 3 只离心管备用。

按照培养基配方配制碱性木质素单碳培养基，灭菌冷却后，每只发酵试管加入 50mL 发酵液，接种 50μL 的细菌对数期菌液，在 35℃恒温摇床上培养，转速 120r/min，发酵后培养液 10 000×g 离心 5min，去除菌体。上清液沸水浴 10min 灭酶活后 10 000×g 离心 5min。离心后上清液冷却至室温，样品稀释 40 倍后测定其在 280nm 波长下的吸光度[62]。

3.2.3.2　纤维素降解酶活性测定

纤维素酶是一类降解纤维素酶的合称，通过降解底物后生成还原性糖的数量确定其酶活性。使用纤维素酶（CL）活性检测试剂盒（北京索莱宝科技有限公司），采用 3.5－二硝基水杨酸（DNS）法进行测定，在纤维素酶的作用下，纤维素降解产生还原性糖，测定还原性糖含量确定酶活性。

将试剂盒 10mg 无水葡萄糖标准品（干燥失重<0.2%）取出，加入 1mL 超纯水（电阻率 18.25MΩ/cm）配制成 10mg/mL 葡萄糖溶液，再分梯度稀释为 1.0mg/mL、0.8mg/mL、0.6mg/mL、0.4mg/mL、0.2mg/mL、0.1mg/mL、0mg/mL。540nm 处以 0mg/mL 调零，读取各浓度梯度吸光值，以浓度（X）为横坐标轴，吸光度 A（Y）为纵坐标轴建立标准曲线。

称取 1mL 发酵液，超声波冰浴破碎菌体。8 000×g，4℃离心 10min，取上清液作为粗酶液装入 2mL 离心管中，置于冰上待测。反应底物和 50μL 样品组成反应体系 350μL，反应后通过煮沸终止反应获得糖化液，取 50μL 糖化液，加入 150μL DNS 试剂混匀，再加入 1 050μL 双蒸水于紫外分光光度计下 540nm 处测定吸光度[28,63]。计算公式如下：

$$CL\ 活性（U/mL）= 1\ 000×X×V_{反总}÷（500×V_{样}×V_{样总}）×T$$

式中：X，样品浓度；$V_{反总}$，反应总体积；$V_{样}$，反应中样品体积；$V_{样总}$，加入样品总体积；T，反应时间。

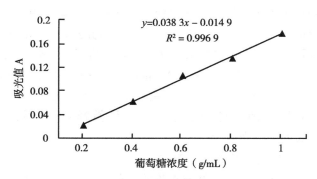

图3-3　葡萄糖标准曲线

3.2.3.3　木质素过氧化物酶活性测定

采用木质素过氧化酶（Lip）活性检测试剂盒检测（北京索莱宝科技有限公司），木质素过氧化物酶氧化藜芦醇生成藜芦醛在310nm处有特殊吸收峰[28,63]。

将细菌培养液超声波冰浴破碎菌体，然后10 000×g 离心10min，取上清液装入2mL离心管中，放置于冰上待测。反应体系含有1mmol藜芦醇，50mmol pH值为7.2的磷酸缓冲液（PBS）和0.1mmol过氧化氢，上清液添加量为100μL。超纯水作为对照，分别测定310nm处10S和310S的吸光值，记为A_1和A_2，$\Delta A = A_2 - A_1$。酶活性定义为每升培养液60S内氧化1nmol藜芦醇所需酶量为一个酶活力单位，藜芦醛摩尔消光系数$\varepsilon = 9\ 300$L／（mol·cm）。计算公式如下：

Lip活性［nmol／（min·L）］＝$\Delta A \div (\varepsilon \times d) \times V_{反总} \div V_{样} \div T$

式中：d，比色杯光径；$V_{反总}$，反应总体积；$V_{样}$，反应中样品体积；T，反应时间。

3.2.3.4　木质素锰氧化物酶活性测定

锰氧化物酶也是一种含有亚铁血红素的氧化酶，在Mn^{2+}存在的条件下，将与愈创木酚氧化为四邻甲氧基连酚，在465nm处有特征吸收峰。使用木质素锰过氧化物酶（Mnp）活性检测试剂盒

（北京索莱宝科技有限公司）进行测定[28,63]。

将培养液 10 000×g 离心 10min，取上清液作为粗酶液放置于冰上待测。反应样品 100μL，底物反应体系 900μL，充分混匀反应体系与样品，在 37℃ 反应 10min，于 1mL 玻璃比色皿中，蒸馏水调零，测定 465nm 处吸光值，计算与对照组差值 ΔA。酶活性定义：每升培养液每分钟氧化 1nmol 愈创木酚所需的酶量为一个酶活力单位。愈创木酚消光系数 ε：12 100L/（mol·cm），计算公式如下：

Mnp 活性 ［nmol/（min·L）］ $= \Delta A \times V_{反总} \div (\varepsilon \times d) \div V_{样} \div T$

式中：d，比色杯光径；$V_{反总}$，反应总体积；$V_{样}$，反应中样品体积；T，反应时间。

3.2.3.5　漆酶活性测定

漆酶是含铜的多酚氧化酶，具有较强的氧化能力。使用漆酶（Lac）活性检测试剂盒（北京索莱宝科技有限公司）测定。漆酶分解 ABTS（2′-联氨-双-3-乙基苯并噻唑啉-6-磺酸）产生 ABTS 自由基，在 420nm 处吸光系数远大于 ABTS，测定 ABTS 自由基增长率得到漆酶活性[28,63]。

离心后粗酶液 0.1mL，加入反应体系液 0.6ml，对照组样品煮沸后加入。样品加入后在 60℃ 水浴 3min，测定其 420nm 处吸光值，计算与对照组的差值 ΔA。ABTS 消光系数 ε：36L/（mmol·cm）。定义每毫升每分钟氧化 1nmol 底物 ABTS 时所需的酶量为一个酶活单位。计算公式如下：

Lac 活性（U/L）$= \Delta A \div (\varepsilon \times d) \times V_{反总} \div V_{样} \div T$

式中：d，比色杯光径；$V_{反总}$，反应总体积；$V_{样}$，反应中样品体积；T，反应时间。

3.2.3.6　不同温度对木质素过氧化物酶和锰氧化物酶活性影响

配制碱性木质素液体培养基，灭菌后分装于带透气硅胶塞的无菌试管中，每支试管中加入 5mL 培养基，接种 50μL 发酵至对数期的菌液，至于恒温摇床中培养，分别设置 4 个温度梯度（30℃、

35℃、40℃、45℃），每个温度 3 次重复。培养 48h 后，4℃条件下，10 000×g 离心后取上清液备测。

3.2.4　降解产物测定方法

配制碱性木质素液体培养基，灭菌分装，每只锥形瓶 50mL 分别接种阿氏芽孢杆菌等前期筛选的 6 株菌对数期发酵菌液 50μL，每种菌设置 3 个生物学重复，另设置加入 50μL 灭菌培养基作为对照组。类动胶杜擦氏菌在 30℃发酵 72h，两株不动杆菌和云南微球菌在 35℃发酵 72h，阿氏芽孢杆菌在 40℃发酵 72h，鞘氨醇杆菌在 45℃发酵 72h，不同菌株发酵液装入 50mL 离心管中，在温度为 4℃，离心力为 10 000×g 的条件下离心 5min，取上清液装入新的离心管中备用。

酸度计两点标定以后，测定碱性木质素发酵后离心的上清液和木质素磺酸钠发酵后上清液的 pH 值并做记录。使用 38% 的浓盐酸调整上清液 pH 值为 2.0 左右，调整 pH 值后发酵液混匀后使用快速溶剂萃取仪进行萃取，取 1mL 液体使用硅藻土进行固体化处理，固体化物加入萃取釜中，使用乙酸乙酯（色谱纯）作为萃取剂，萃取后使用氮气吹扫仪吹干乙酸乙酯，得到萃取后产物，分别使用 100μL 的环己烷、二氧六环和乙酸乙酯作为溶剂溶解氮气吹扫后的产物，同时加入 50μL 的硅烷基衍生化试剂双（三甲基硅烷基）三氟乙酰胺（BSTFA）。溶解后样品使用气质联用仪进行分析，使用 Thermo Trace 1300 ISQ 进行液体进样，进样量 1μL，色谱柱为 OM-5MS 毛细管柱，载气为氦气，流速控制在 1mL/min，进样口温度设定为 200℃，色谱柱温度在 50℃条件下保留 4min，然后 25min 上升到 220℃，溶剂延迟时间 3min，传输线和离子源温度分别设置为 230℃和 250℃[64-66]。在 Full Scan 模式下记录电子电离质谱。根据物质保留时间和电子质谱与 NIST 数据库进行比对，推测降解产物化学结构式。

3.2.5 木质素降解菌在干草中的应用

3.2.5.1 实验室压捆机的设计

为满足实验室模拟草捆试验，设计压力规格为 2t 的小型液压机，额定电压 220V，液压机行程 300mm，并配备限位开关调节液压柱行程以便于控制压捆密度。

如示意图 3-4 所示，实验室压捆机由液压工作台、液压泵站、模具 3 部分组成。包括液压柱 1、工作台 2、液压管 3、总控箱 4、限位开关 5、泵站机箱 6、液压表盘 7、电源接入口 8、注油孔 9、工字型推杆 10、成型模具 11、排液管 12（排液管 12 为青贮压实专用功能，本研究未使用该功能）。

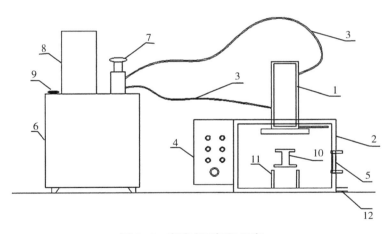

图 3-4　实验室压捆机示意

液压柱 1 与限位开关 5 之间配有传感器，可控制行程长短，液压柱 1 与液压管 3 连接至液压表盘，接入泵站机箱 6。从注油孔 9 注入液压油（L-HL 46），总控箱 4 连接电源接入口 8 后，外接电源运行机器。工字型推杆 10 放置于装入原料的成型模具 11 上，完成装填工作。

实验室压捆机操作流程：将成型模具 11 放置与液压工作台 2 上，填入干草，放置"工"字形推杆 10 于原料上，边缘与成型模具 11 契合，向注油孔 9 注入液压油达刻度线，将液压管 3 分别与液压柱 1 和液压表盘 7 连接起来，调整限位开关 5 于指定密度位置，调整连接电源总控箱 4 与电源接入口 8。打开总控箱开关运行，压成后草捆从模具中取出放入相应的干草储藏罐中即可。

3.2.5.2 实验室干草捆的制作

首先应用实验室已保藏的 6 种菌株，活化后制备新鲜细菌悬液，作为干草接种剂备用。2018 年收获的燕麦品种为'燕科 2 号'，紫花苜蓿品种为'金皇后'。将收获的牧草晾晒后进行压捆，订购直径 12cm，高 10cm 的圆柱体收纳盒，然后将成型草捆装入收纳盒中备用。

每个小捆干草质量约 160g 左右，密度约 320kg/m³ 在 500mL 干草捆收纳盒中分区域均匀地加入接种菌液 30mL，每毫升活菌数不低于 $1×10^6$CFU，室温贮藏 30d。

3.2.5.3 实验室干草捆品质分析

使用近红外光谱分析技术法（Near infrared spectrum instrument，NIRS）测定贮藏后干草养分品质，苜蓿干草和燕麦干草的营养成分分析主要包括干物质（Dry matter，DM），粗灰分（Ash），粗脂肪（Ether extract，EE），粗蛋白质（Crude protein，CP），木质素（Lignin，ADL），酸性洗涤纤维（Acid detergent fibre，ADF），中性洗涤纤维（Neutral detergent fibre，aNDF）。饲用价值评价使用总可消化养分（Total digestible nutrients，TDN），相对饲喂价值（Relative feed value，RFV），相对牧草品质（Relative forage quality，RFQ）和奶吨（Milk per ton，MT）等指标。干草样品委托蓝德雷饲草饲料品质检测实验室使用福斯饲料专用分析仪（FOSS DS2500）测定。

3.2.6　数据处理

试验数据使用 Office Excel 2010 统计整理，运用 Sigmaplot 12.5 绘图，酶活性相关数据及干草养分品质进行单因素方差分析后，采用 Duncan 法进行多重比较分析（$P<0.05$ 为差异显著）。

3.3　结果与分析

3.3.1　木质纤维素降解菌筛选

3.3.1.1　木质纤维素降解菌筛选

将初步筛选并进行石蜡保藏的菌测序鉴定结果进行统计，详情见表 3-2。

表 3-2　菌种初筛情况

编号	中文名	学名	LA	CMC
YB5	阿氏芽孢杆菌	*Bacillus aryabhattai*	++	+
YB9	巨大芽孢杆菌	*Bacillus megaterium*	+	−
CL22	耐寒短杆菌	*Brevibacterium frigoritolerans*	+	−
CL32	云南微球菌	*Micrococcus yunnanensis*	++	+
CL6T1	水原马赛菌	*Massilia suwonensis*	+	++
CL71	类动胶杜擀氏菌	*Duganella zoogloeoides*	++	+
CL81	金色马赛菌	*Massilia aurea*	+	+
CL91	鲁菲不动杆菌	*Acinetobacter lwoffii*	++	+
DB1	鞘氨醇杆菌	*Sphingobium yanoikuyae*	++	+
DHT1	环状芽孢杆菌	*Bacillus circulans*	−	+
LN1	约氏不动杆菌	*Acinetobacter johnsonii*	+	++
LN2	约氏不动杆菌	*Acinetobacter johnsonii*	++	+
LN3	约氏不动杆菌	*Acinetobacter johnsonii*	++	++

（续表）

编号	中文名	学名	LA	CMC
LN4	鲁菲不动杆菌	*Acinetobacter lwoffii*	++	+
CL31	水原马赛菌	*Massilia suwonensis*	+	+
CL61	桑氏链霉菌	*Streptomyces sampsonii*	−	+
CL62	坚强芽孢杆菌	*Bacillus firmus*	−	+

注："+"，出现菌落；"++"，菌落平均直径超过 0.2cm；"−"，无菌落出现，LA，碱性木质素；CMC，羧甲基纤维素钠。

初步筛选的菌种中除环状芽孢杆菌（*Bacillus circulans*）DHT1、桑氏链霉菌（*Streptomyces sampsonii*）CL61 和坚强芽孢杆菌（*Bacillus firmus*）CL62 不能在木质素单碳培养基上生长，其余菌株均能良好生长。巨大芽孢杆菌（*Bacillus megaterium*）YB9 和耐寒短杆菌（*Brevibacterium frigoritolerans*）CL22 均不能利用羧甲基纤维素钠作为为一碳源，但能在碱性木质素培养基上生长。

初筛后菌株进行复筛，情况见表 3-3。

表 3-3　菌种复筛情况

编号	中文名	学名	苯胺蓝	亮蓝	刚果红
YB5	阿氏芽孢杆菌	*Bacillus aryabhattai*	+	−	++
CL6T1	水原马赛菌	*Massilia suwonensis*	−	−	−
CL81	金色马赛菌	*Massilia aurea*	−	−	−
CL32	云南微球菌	*Micrococcus yunnanensis*	+	−	+
CL91	鲁菲不动杆菌	*Acinetobacter lwoffii*	+	−	+
CL71	类动胶杜擀氏菌	*Duganella zoogloeoides*	++	−	+
LN1	约氏不动杆菌	*Acinetobacter johnsonii*	+	−	+
LN2	约氏不动杆菌	*Acinetobacter johnsonii*	++	−	++
LN3	约氏不动杆菌	*Acinetobacter johnsonii*	+	−	+
LN4	鲁菲不动杆菌	*Acinetobacter lwoffii*	++	−	++

（续表）

编号	中文名	学名	苯胺蓝	亮蓝	刚果红
DB1	鞘氨醇杆菌	*Sphingobium yanoikuyae*	+	-	+
CL31	水原马赛菌	*Massilia suwonensis*	-	-	-

注："+"，有水解圈出现；"++"，水解圈直径大于1cm；"-"，水解圈直径小于0.5cm。

菌株在亮蓝培养基上均无水解圈产生，在苯胺蓝培养基上阿氏芽孢杆菌（*B. aryabhattai*）YB5、云南微球菌（*M. yunnanensis*）CL32、类动胶杜撒氏菌（*D. zoogloeoides*）CL71、约氏不动杆菌（*A. johnsonii*）LN2、鲁菲不动杆菌（*A. lwoffii*）LN4、鞘氨醇杆菌（*S. yanoikuyae*）DB1能产生水解圈，同时这6株菌能够在刚果红培养基上产生水解圈。水原马赛菌（*M. suwonensis*）CL6T1、金色马赛菌（*M. aurea*）CL81和水原马赛菌（*M. suwonensis*）CL31在3种添加染色剂的培养基中均未产生相应的水解圈。

3.3.1.2 木质纤维素降解菌生长曲线

通过对阿氏芽孢杆菌YB5，云南微球菌CL32，类动胶杜撒氏菌CL71，约氏不动杆菌LN2，鲁菲不动杆菌LN4，鞘氨醇杆菌DB1同时摇瓶培养48h，使用分光光度计连续对其OD_{600}监测，绘制生长曲线（图3-5），鲁菲不动杆菌LN4和阿氏芽孢杆菌YB5无明显的延迟期（Lag phase），分别在20h和26h进入稳定期（Stationary phase），约氏不动杆菌LN2延迟期持续至8h，鞘氨醇杆菌DB1和云南微球菌CL32延迟期分别为12h和14h，类动胶杜撒氏菌CL71延迟期长达20h，在36h后均陆续进入衰亡期（Decline phase）。

3.3.1.3 木质纤维素降解菌电子扫描电镜观察

将复筛后的6个菌株进行扫描电子显微镜观察。在24h培养后，6个菌株细菌均在对数期，电子扫描显微镜下，阿氏芽孢杆菌呈长杆状，菌体长度约2.5μm。约氏不动杆菌、鲁菲不动杆菌、

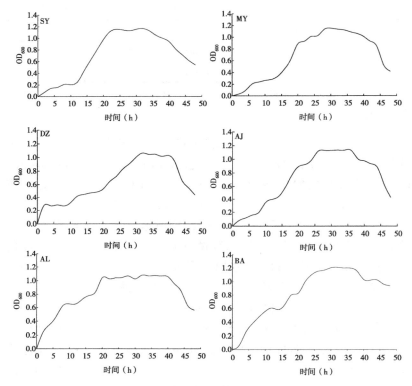

图 3-5   具备降解能力的 6 株细菌生长曲线

注：SY，鞘氨醇杆菌；MY，云南微球菌；DZ，类动胶杜擀氏菌；AJ，约氏不动杆菌；AL，鲁菲不动杆菌；BA，阿氏芽孢杆菌；下图同。

类动胶杜擀氏菌和鞘氨醇杆菌长度均在 1~2μm。

3.3.1.4   木质纤维素降解菌亲缘分析

使用 MEGA 7.0 软件对复筛后的 6 株菌进行亲缘分析并构建系统发育树（图 3-7）。发育树置信度均高于 90，6 株菌主要包括厚壁菌门（*Firmicutes*）的 YB5，变形菌门（*Proteobacteria*）的 CL71、LN2、LN4 和 DB1，其中 CL32 为放线菌门（*Actinobacteria*）。YB5 的 16S rDNA 序列与最初发现的阿氏芽孢杆菌 *B. aryabhattai* B8W22

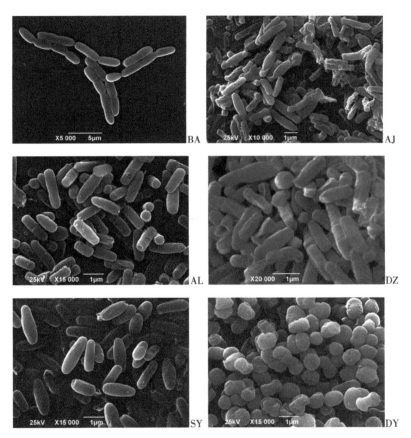

图3-6 木质纤维素降解菌株扫描电镜图

序列相似度高达98%，且YB5菌株比地衣芽孢杆菌 *B. subtilis* DSM10演化距离更长。CL32的16S rDNA序列与 *M. yunnanensis* YIM 65004相似度达到99%。DB1菌株的16S rDNA序列与 *S. yanoikuyae* 相似度为98%。CL71序列与 *D. zoogloeoides* IAM 12670相似度为99%。LN2与 *A. johnsonii* 17909序列相似度为98%，LN4与 *A. lwoffii* JCM 6840和 *A. lwoffii* DSM 2403相似度为98%，LN4演

化距离比 LN2 及其他菌株演化距离都长。

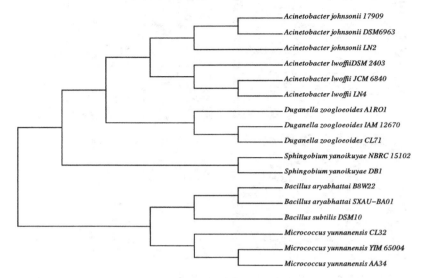

图 3-7 系统发育树

注：阿氏芽孢杆菌（*B. aryabhattai* YB5）已于 2017 年 12 月保藏于中国科学院微生物所菌种保藏中心，保藏编号：CGMCC NO. 14522。保藏种名为 *Bacillus. aryabhattai* SXAU-BA01。

3.3.1.5 菌株对不同木质纤维素的利用

在固体平板培养基上，6 株菌对 4 种不同碳源利用程度不同，见表 3-4，YB5 在木质素磺酸钠培养基上菌落长势良好，在木质素磺酸钠、纤维素和羧甲基纤维素钠培养基上长势较弱。DB1 在木质素磺酸钠培养基上长势最弱，在羧甲基纤维素钠培养基中菌落长势最佳。CL71 在纤维素培养基中菌落大。CL32 在羧甲基纤维素钠培养基中菌落大，在木质素磺酸钠培养基中菌落小。LN2 比其余菌株在羧甲基纤维素钠培养基上生长情况好，在碱性木质素培养基上菌落最大。

表 3-5 是细菌在 4 种碳源的液体培养基中发酵后测定的

OD_{600} 值。YB5 菌株在碱性木质素培养基中 OD_{600} 值最高，在羧甲基纤维素钠培养基中 OD_{600} 值最低。DB1 菌株在木质素磺酸钠培养基中 OD_{600} 值最低，在碱性木质素培养基中 OD_{600} 值最高。CL71 菌株在纤维素培养基中 OD_{600} 值最高，羧甲基纤维素钠培养基中 OD_{600} 值最低。CL32 菌株在木质素磺酸钠培养基中 OD_{600} 值最高，羧甲基纤维素钠培养基中最低。LN2 在碱性木质素培养基中生长情况最佳，LN4 在碱性木质素和木质素磺酸钠中生长情况较好，在纤维素中发酵情况最差。

表 3-4 单碳培养基上菌落直径　　　　　（单位：mm）

编号	学名	LS	LA	C	CMC
YB5	*B. aryabhattai*	3.50±0.50	0.75±0.25	0.75±0.25	0.75±0.25
DB1	*S. yanoikuyae*	2.40±0.60	5.00±1.00	3.75±0.25	5.75±0.25
CL71	*D. zoogloeoides*	4.50±1.50	4.50±3.50	6.50±1.50	1.50±0.50
CL32	*M. yunnanensis*	2.25±0.75	5.00±1.00	3.00±1.00	6.00±1.00
LN2	*A. johnsonii*	2.75±0.50	8.00±2.00	4.50±0.50	7.50±2.50
LN4	*A. lwoffii*	3.50±0.50	4.50±0.50	2.50±0.00	5.00±1.00

注：表中数据为平均值±标准差；LS，木质素磺酸钠；LA，碱性木质素；C，纤维素；CMC，羧甲基纤维素钠；下表同。

表 3-5 细菌在 4 种单碳液体培养基中生长情况（OD_{600} 值）

编号	学名	LS	LA	C	CMC
YB5	*B. aryabhattai*	0.178±0.006	0.209±0.001	0.200±0.005	0.039±0.003
DB1	*S. yanoikuyae*	0.017±0.003	0.227±0.043	0.202±0.011	0.025±0.002
CL71	*D. zoogloeoides*	0.095±0.005	0.243±0.019	0.381±0.034	0.032±0.003
CL32	*M. yunnanensis*	0.326±0.004	0.244±0.016	0.316±0.005	0.012±0.001
LN2	*A. johnsonii*	0.074±0.002	0.357±0.009	0.046±0.001	0.049±0.003
LN4	*A. lwoffii*	0.336±0.004	0.356±0.003	0.020±0.001	0.071±0.001

3.3.2　木纤维素降解能力分析

通过筛选鉴定出 6 株细菌，木质素降解试验、酶活性试验和降解产物试验的菌株编号及分离源情况见表 3-6。

表 3-6　试验菌株情况

编号	学名	中文名	门，属	分离源
BA	*Bacillus aryabhattai*	阿氏芽孢杆菌	厚壁菌门，芽孢杆菌属	腐殖质层
AJ	*Acinetobacter johnsonii*	约氏不动杆菌	变形菌门，不动杆菌属	秸秆堆肥
AL	*Acinetobacter lwoffii*	鲁菲不动杆菌	变形菌门，不动杆菌属	秸秆堆肥
MY	*Micrococcus yunnanensis*	云南微球菌	放线菌门，微球细菌属	麦冬草地
DZ	*Duganella zoogloeoides*	类动胶杜擀氏菌	变形菌门，杜擀氏菌属	麦冬草地
SY	*Sphingobium yanoikuyae*	鞘氨醇杆菌	变形菌门，鞘脂菌属	玉米青贮

3.3.2.1　木质素降解率

测定发酵液中碱性木质素初始 OD_{280} 值为 0.747，降解曲线见图 3-8。

第 1d 阿氏芽孢杆菌发酵液 OD_{280} 值为 0.406，鲁菲不动杆菌为 0.437，约氏不动杆菌为 0.425，类动胶杜擀氏菌为 0.429，鞘氨醇杆菌为 0.479，云南微球菌为 0.488。6 株菌对碱性木质素的降解在第 1d 最快，第 2d 和第 3d 降解反应难以进行，故第 3d 阿氏芽孢杆菌降解率最高可达 53.5%，约氏不动杆菌液体发酵碱性木质素降解率最低，为 38.8%。

3.3.2.2　纤维素酶活性

阿氏芽孢杆菌的纤维素酶活性在 72h 发酵过程中保持较低的水平，酶活力在 2 000 ~ 4 000U/L，鲁菲不动杆菌和约氏不动杆菌与阿氏芽孢杆菌酶活力类似，随着发酵时间，两株菌酶活力变化不大。类动胶杜擀氏菌纤维素酶活力随着发酵时间增加而提

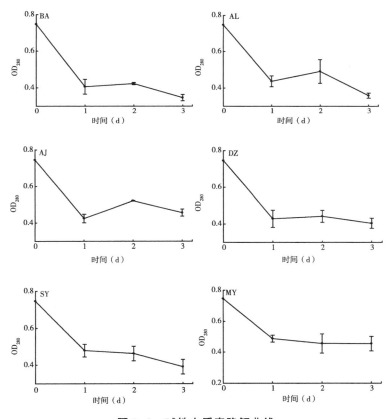

图 3-8　碱性木质素降解曲线

高，72h 酶活力达到 3 800U/L 以上。鞘氨醇杆菌在 48h 发酵后酶活力高达 9 832U/L，72h 发酵酶活差异显著，超过 10 000U/L（$P<0.05$）。云南微球菌 24h 发酵后酶活力较低，但 48h 后酶活力差异显著超过 8 000U/L（$P<0.05$），72h 发酵后纤维素酶活未达检测限（图 3-9）。

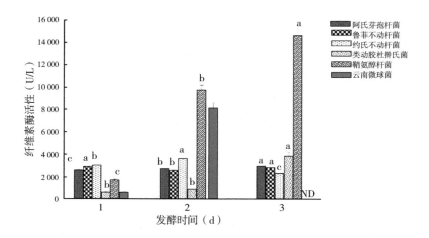

图3-9　不同发酵时间纤维素酶活性

注："ND"表示未检测出，小写字母不同表示同一菌株不同发酵时长的差异
显著（$P<0.05$），下图同。

3.3.2.3　木质素过氧化物酶活性

6株菌发酵3d酶活变化不大，除了阿氏芽孢杆菌发酵24h
后酶活性低于2 000U/L，其余菌株酶活性均超过4 000U/L。
阿氏芽孢杆菌在48h和72h酶活性差异不大，过氧化物酶活性
比其他菌低。鲁菲不动杆菌72h酶活最高，24h和48h酶活均
未超过6 000U/L。约氏不动杆菌随着时间增长酶活性增加。类
动胶杜擂氏菌在48h酶活性比其余5株菌最高，达到
6 677U/L，72h酶活性降低。鞘氨醇杆菌24h和48h酶活分别
为4 984U/L和4 696U/L，72h酶活性为5 598U/L，云南微球
菌趋势和鞘氨醇杆菌类似，但酶活低于鞘氨醇杆菌。6株菌在
72h酶活性整体较高，6株菌发酵72h酶活性最高的是鲁菲不
动杆菌，其活性为7 151U/L（图3-10）。

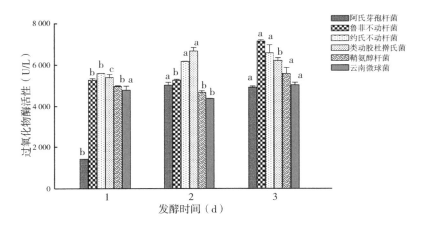

图3-10 不同发酵时间木质素过氧化物酶活性

3.3.2.4 木质素锰氧化物酶活性

不同菌株锰氧化物酶活力差别较大，类动胶杜擀氏菌和云南微球菌酶活最高超过 12 000U/L，阿氏芽孢杆菌锰氧化物酶活性低，24h 发酵液最低不足 2 000U/L，48h 酶活性为 2 241U/L，而 72h 发酵液未检测出锰氧化物酶活。鲁菲不动杆菌发酵第 1d，第 2d 和第 3d 的酶活性分别为 3 154U/L、6 972U/L、8 715U/L。约氏不动杆菌发酵第 1d，第 3d 的酶活性分别为 4 482U/L、5 312U/L，第 2d 酶活性最高，为 10 043U/L。类动胶杜擀氏菌发酵 24h 后酶活性为 7 885U/L，48h 和 72h 活性较高，分别为 13 529U/L、12 616U/L。鞘氨醇杆菌前两天发酵后酶活性为 2 739U/L、3 403U/L，第 3d 酶活性最高为 9 130U/L。云南微球菌发酵 24h 后酶活力即达到 5 976U/L，在 48h 时酶活性最高 12 533U/L、11 039U/L。阿氏芽孢杆菌，鲁菲不动杆菌和鞘氨醇杆菌随着发酵时间增加，酶活性呈现上升态势，而约氏不动杆菌、类动胶杜擀氏菌和云南微球菌发酵 48h 酶活性最大（图 3-11）。

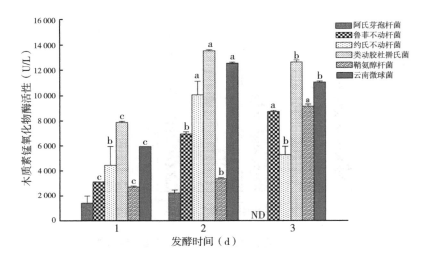

图 3-11 不同发酵时间木质素锰氧化物酶活性

3.3.2.5 漆酶活性

6 株菌漆酶活性均不高，阿氏芽孢杆菌在 24h 酶活最低为 221U/L，72h 时酶活性最高为 693U/L，整体呈现为逐渐增长的趋势。鲁菲不动杆菌在 24h 酶活为 1 775U/L，在 48h 时酶活性为 2 961U/L，比 72h 和 24h 高。约氏不动杆菌在 72h 时酶活性最高为 1 197U/L。类动胶杜擀氏菌酶活性在 72h 发酵后酶活性最高，达到 1 596U/L。鞘氨醇杆菌在 72h 酶活性也达到最高，为 1 670U/L。类动胶杜擀氏菌和鞘氨醇杆菌随着发酵时间的增加，酶活性增强，72h 酶活性最大。云南微球菌则在 24h 酶活性最大为 1 428U/L。鲁菲不动杆菌漆酶活力是分离出的菌株中最高的，阿氏芽孢杆菌则是活性最低的，约氏不动杆菌、类动胶杜擀氏菌、鞘氨醇杆菌和云南微球菌酶活性均在 1 000 U/L 左右（图 3-12）。

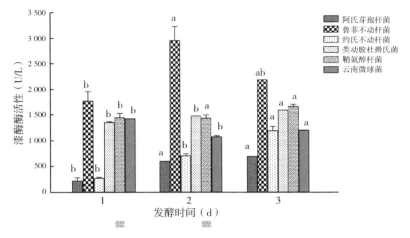

图 3-12　不同发酵时间漆酶活性

3.3.2.6　不同温度对木质素过氧化物酶活性影响

具备木质素降解能力的细菌木质素过氧化物酶活性均较高，故分离源温度较为温和，试验温度范围控制在 30~45℃。类动胶杜擀氏菌在 30℃ 条件下，木质素过氧化物酶活性最高为 7 583U/L，鲁菲不动杆菌、约氏不动杆菌和云南微球菌在 35℃ 条件下木质素过氧化物酶活性最高，分别达到 7 152 U/L、6 594U/L、6 231U/L。阿氏芽孢杆菌在 40℃ 木质素过氧化物酶活性最高为 5 543U/L，鞘氨醇杆菌木质素过氧化物酶活性在 45℃ 条件下达到最高值 6 894U/L（图 3-13）。

3.3.2.7　不同温度对木质素锰氧化物酶活性影响

不同菌株的锰氧化物酶活性对温度的响应与木质素过氧化物酶相似，阿氏芽孢杆菌最适温度为 40℃，酶活性为 16 351U/L，35℃ 未检测到阿氏芽孢杆菌酶活性。鲁菲不动杆菌产生的锰氧化物酶活性最适温度为 35℃，酶活性为 8 826U/L。约氏不动杆菌产生的锰

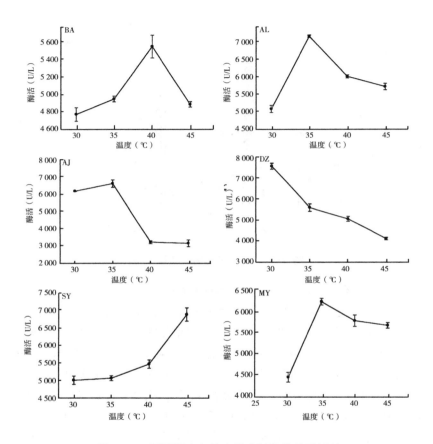

图3-13 不同温度条件木质素过氧化物酶活性

氧化物酶活性为35℃，酶活性为8 715U/L。类动胶杜擀氏菌的锰氧化物酶活性在30℃最高，为24 679U/L。鞘氨醇杆菌锰氧化物酶活性在45℃最高，达到1 937U/L。云南微球菌酶活性在40℃最高，为17 430U/L（图3-14）。

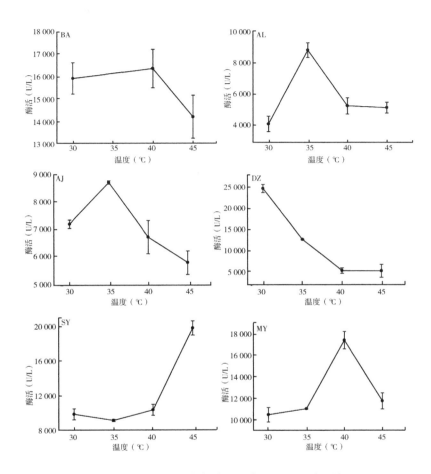

图 3-14 不同温度条件木质素锰氧化物酶活性

3.3.3 降解产物分析

3.3.3.1 不同菌株降解过程 pH 值变化

6 株菌以碱性木质素为原料生长 3d 后，培养基质 pH 值变化如

图 3-15 所示，碱性木质素培养基 pH 值为 7.86。鞘氨醇杆菌和云南微球菌在降解碱性木质素过程中 pH 值变化差异性最显著（$P<0.05$）。阿氏芽孢杆菌、约氏不动杆菌、鲁菲不动杆菌和类动胶杜擀氏菌与对照组 pH 值对比差异性显著（$P<0.05$），且所有菌株降解过程 pH 值下降。

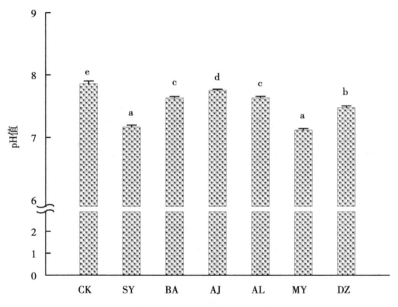

图 3-15　碱性木质素为底物发酵 3d 后 pH 值变化

3.3.3.2　利用正己烷作为溶剂分析降解产物

正己烷是气相分析常用的非极性溶剂，以正己烷作为溶剂进行气相色谱-质谱联用仪进样，不同微生物发酵后产物通过质谱仪检测结果与 NIST 数据库对比后结果见表 3-7。主要产物包括：二甲氧基肉桂酸、乙胺、丙醯胺酸、苯甲酸、邻苯二甲酸丁基辛酯、邻苯二甲酸二异丁酯、邻苯二甲酸二正丁酯、十六烷基脂肪酸和十八烷基脂肪酸等。气相色谱分析结果见图 3-16，产物主要在 15min 后出现，因为双（三甲基硅烷基）三氟乙酰胺（BST-FA），是一种气相色谱常用衍生化试剂，加入 BSTFA 主要是把不易于分析的物质转化为与其构相似但易于分析的物质，便于量化和分离，测定结果中许多产物带有硅烷基基团。其中相对丰度最高的为带硅烷基的十六烷酸（RT 22.65min，Cas NO.55520-89-3，$C_{19}H_{40}O_2Si$），其次是带硅烷基的十八烷酸（RT 24.46min，Cas NO.18748-91-9，$C_{21}H_{44}O_2Si$），以及带硅烷基的环状戊酯（RT 19.24min，Cas NO.1188-74-5，$C_{25}H_{54}O_4Si_2$）。碱性木质素在不同微生物发酵作用下，降解产物相对丰度不同。其中含有苯环结构的包括甲氧基肉桂酸、带硅烷基的苯甲酸、邻苯二甲酸酯类。

表 3-7 正己烷为溶剂气质联用分析主要产物信息表

时间（min）	中文名称	英文名称	化学文摘号	分子式
4.53	二甲氧基肉桂酸	2-Methoxycinnamic acid	6099-03-2	$C_{10}H_{10}O_3$
8.04	二硅烷基乙胺	N, N-bis（trimethylsilyl）ethanamine	2477-39-6	$C_8H_{23}NSi_2$
11.67	丙醚胺酸	Malonamidic acid	2345-56-4	$C_3H_5NO_3$
18.31	苯甲酸	trimethylsilyl 4-trimethylsilyloxybenzoate	2078-13-9	$C_{13}H_{22}O_3Si_2$
19.24	硅烷基-D-赤型-戊酸内酯	2-O, 5-O-Bis（trimethylsilyl）-2-C-（trimethylsilyl-oxy-methyl）-3-deoxy-D-threo-pentonic acid lactone	55570-79-1	$C_{15}H_{34}O_5Si_3$

（续表）

时间（min）	中文名称	英文名称	化学文摘号	分子式
21.90	邻苯二甲酸丁基辛酯	1-O-butyl 2-O-octyl benzene-1, 2-dicar-boxylate	84-78-6	$C_{20}H_{30}O_4$
21.90	邻苯二甲酸二异丁酯	Diisobutyl phthalate	84-69-5	$C_{16}H_{22}O_4$
21.90	邻苯二甲酸二正丁酯	dibutyl phthalate	84-74-2	$C_{16}H_{22}O_4$
22.65	三甲基甲硅烷基十六烷酸	trimethylsilyl hexade-canoate	55520-89-3	$C_{19}H_{40}O_2Si$
24.46	三甲基甲硅烷基十八烷酸	trimethylsilyl octade-canoate	18748-91-9	$C_{21}H_{44}O_2Si$
28.20	十六烷酸，2，3-双［（三甲基甲硅烷基）氧基］丙基酯	Hexadecanoic acid, 2, 3-bis［（trimeth-ylsilyl）oxy］propyl ester	1188-74-5	$C_{25}H_{54}O_4Si_2$

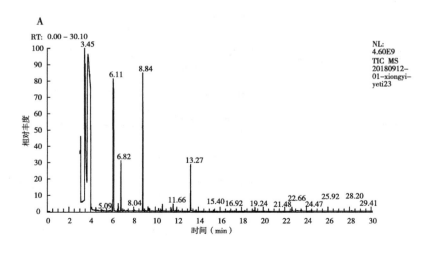

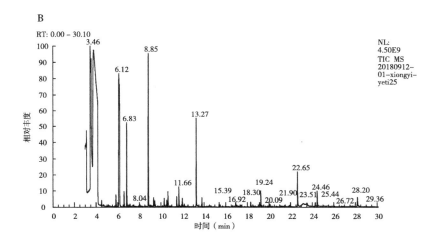

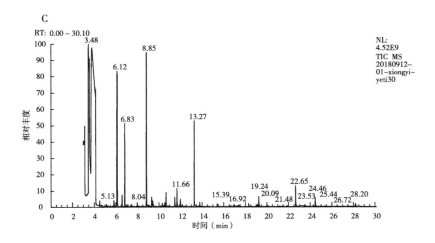

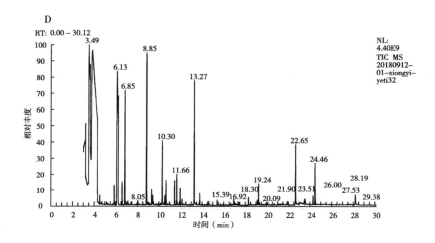

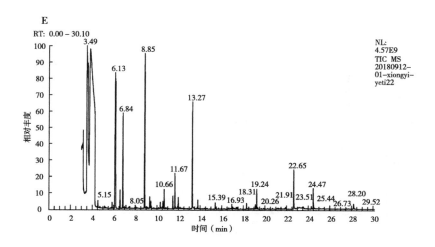

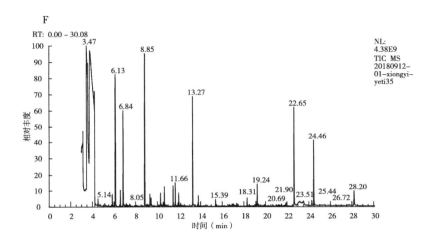

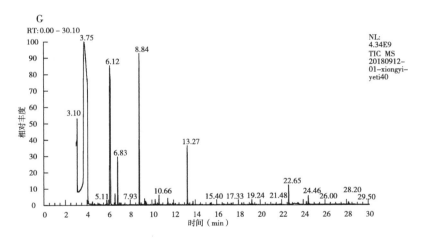

图 3-16 碱性木质素为底物发酵产物气相色谱图（溶剂为正己烷）

注：A、B、C、D、E、F、G 分别表示对照组、阿氏芽孢杆菌、鲁菲不动杆菌、约氏不动杆菌、类动胶杜擀氏菌、鞘氨醇杆菌和云南微球菌，下图同。

3.3.3.3　利用 1, 4-二氧六环作为溶剂分析降解产物

1, 4-二氧六环又名二恶烷是一种优良的极性溶剂，木质素降解产物中通常含有羟基、羰基等极性基团，可作为极性产物的溶剂或萃取剂。阿氏芽孢杆菌等 6 株菌发酵 3d 后产物通过 GC-MS 检测后结果见表 3-8。检测出的主要物质包括醇、醚、酮、醛等极性物质和联苯、萘和邻苯二甲酸酯等带苯环的基团。气相色谱分析结果见图 3-17，与对照组比对，18min 后的产物被分解，最主要的两种物质为邻苯二甲酸异丁酯（RT 26.87min，CAS NO. 84-69-5，$C_{16}H_{22}O_4$）和邻苯二甲酸二丁酯（RT 29.32min，CAS NO. 84-74-2，$C_{16}H_{22}O_4$）。在微生物发酵组中邻苯二甲酸二丁酯和邻苯二甲酸正丁酯被利用。

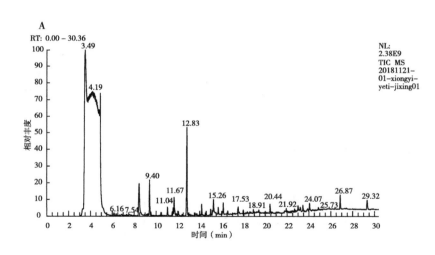

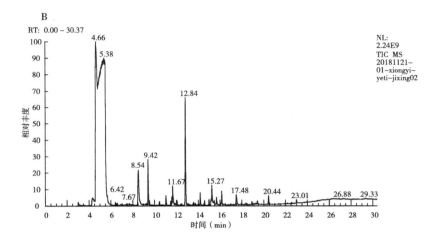

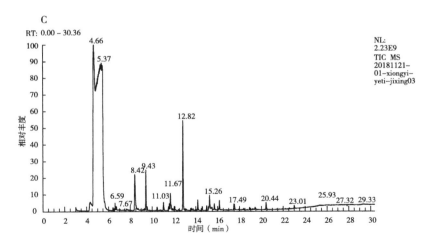

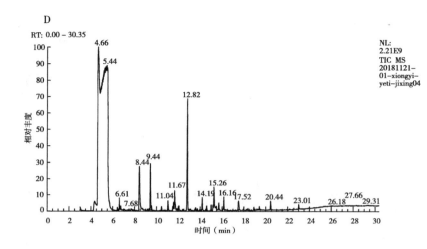

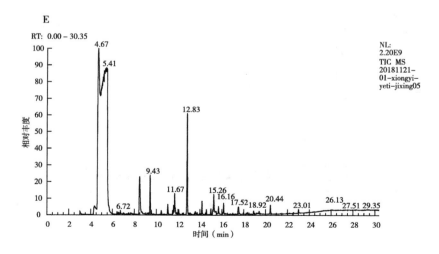

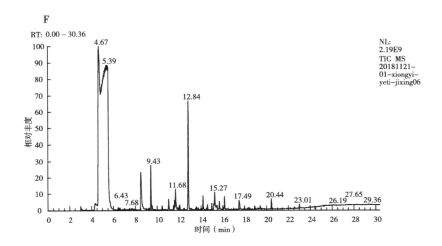

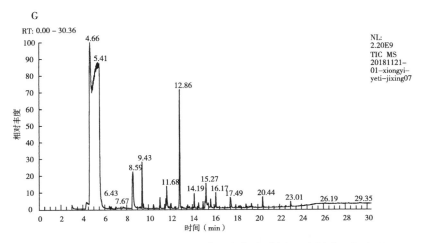

图3-17　碱性木质素为底物发酵产物气相色谱图（溶剂为二氧六环）

表3-8 1, 4-二氧六环为溶剂气质联用分析主要产物信息表

时间 （min）	中文名称	英文名称	化学文摘号	分子式
6.16	1, 3-二氧杂烷-2-甲醇	1, 3 - Dioxolane - 2-methanol	5694-68-8	$C_4H_8O_3$
7.54	2, 3-二甲基-3-戊醇	2, 3 - Dimethyl - 3-pentanol	595-41-5	$C_7H_{16}O$
8.45	乙二醇乙醚	2-Ethoxyethanol	110-80-5	$C_4H_{10}O_2$
11.04	甲基环戊烯醇酮	2 - methylcyclopen-tenone	1120-73-6	C_6H_8O
11.67	（E, E）-2, 4-己二烯醛	（E, E） - 2, 4 -Hexadienal	142-83-6	C_6H_8O
12.83	二乙二醇单乙烯基醚	Di（ethylene glycol）vinyl ether	929-37-3	$C_6H_{12}O_3$
15.26	异丙胺	Isopropylamine	75-31-0	C_3H_9N
17.53	3-氨基噁唑烷-2-酮	3-Amino - 2 - oxazoli-done	80-65-9	$C_3H_6N_2O_2$
18.91	2-苯基-1, 3-二四氢呋喃	2-phenyl-1, 3-diox-olane	936-51-6	$C_9H_{10}O_2$
21.92	2, 2'-二甲基联苯	Dimethylbiphenyl	605-39-0	$C_{14}H_{14}$
23.45	2, 2', 5, 5'-四甲基联苯基	2, 2', 5, 5'-tetram-ethylbiphenyl	3075-84-1	$C_{16}H_{18}$
24.07	萘	Naphthalene, 1, 2, 3 - trimethyl - 4 - （1E） -1-propen-1-yl-	26137-53-1	$C_{16}H_{18}$
26.87	邻苯二甲酸二异丁酯	Diisobutyl phthalate	84-69-5	$C_{16}H_{22}O_4$
29.32	邻苯二甲酸二丁酯	Dibutyl phthalate	84-74-2	$C_{16}H_{22}O_4$

3.3.3.4 利用乙酸乙酯作为溶剂分析降解产物

乙酸乙酯是化工实验广泛利用的有机溶剂，用它作为溶剂进行 GC-MS 测定，不同细菌产物利用情况通过质谱仪检测结果与 NIST

数据库对比后结果见表3-9。因为相似相溶原理，乙酸乙酯作为溶剂测定结果中主要物质包括各种长链有机酸、酚和酯。气相色谱分析结果见图3-18，与对照组相比微生物利用的原料主要在20min后出现，其中相对丰度最高的为邻苯二甲酸二丁酯（RT 23.79min，Cas NO.84-74-2，$C_{16}H_{22}O_4$），其次是11-顺-十八碳烯酸（RT 25.51min，Cas NO.506-17-2，$C_{18}H_{34}O_2$），乙酰丁香酮（RT 21.54min，Cas NO.2478-38-8，$C_{10}H_{12}O_4$）和邻苯二甲酸二异辛酯（RT 22.93min，Cas NO.27554-26-3，$C_{24}H_{38}O_4$）。碱性木质素在这6种细菌的降解下，降解产物相对丰度不同，降解产物的详细信息如表3-9所示。结果显示，邻苯二甲酸二丁酯、11-顺-十八碳烯酸、乙酰丁香酮和邻苯二甲酸二异辛酯被细菌降解或部分降解，所以在处理组中未检出这些物质。

表3-9 乙酸乙酯为溶剂气质联用分析主要产物信息表

时间 （min）	中文名称	英文名称	化学文摘号	分子式
5.74	反式肉桂酸	trans-Cinnamic acid	140-10-3	$C_9H_8O_2$
18.85	2，4-二叔丁基苯酚	2，4-Di-t-butylphenol	96-76-4	$C_{14}H_{22}O$
19.41	月桂酸	dodecanoic acid	143-07-7	$C_{12}H_{24}O_2$
21.54	乙酰丁香酮	Acetosyringone	2478-38-8	$C_{10}H_{12}O_4$
22.77	十五烷酸	Pentadecanoic acid	1002-84-2	$C_{15}H_{30}O_2$
22.93	邻苯二甲酸二异辛酯	Diisooctyl phthalate	27554-26-3	$C_{24}H_{38}O_4$
23.6	棕榈油酸	Palmitoleic acid	373-49-9	$C_{16}H_{30}O_2$
23.79	邻苯二甲酸二丁酯	dibutyl phthalate	84-74-2	$C_{16}H_{22}O_4$
25.51	11-顺式-十八碳烯酸	cis-Vaccenic acid	506-17-2	$C_{18}H_{34}O_2$
25.72	硬脂酸	stearic acid	57-11-4	$C_{18}H_{36}O_2$

（续表）

时间 （min）	中文名称	英文名称	化学文摘号	分子式
29.59	邻苯二甲酸二辛酯	bis（2-ethylhexyl）phthalate	117-81-7	$C_{24}H_{38}O_4$

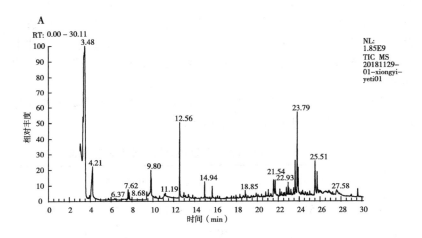

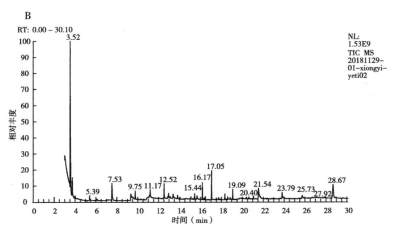

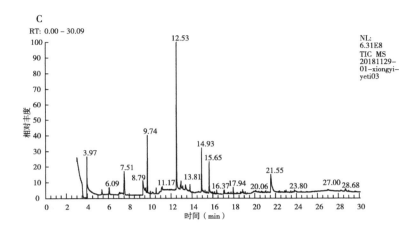

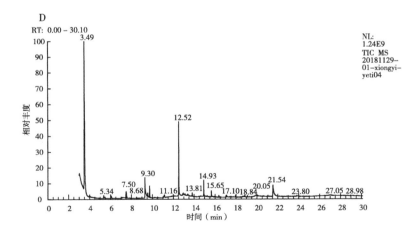

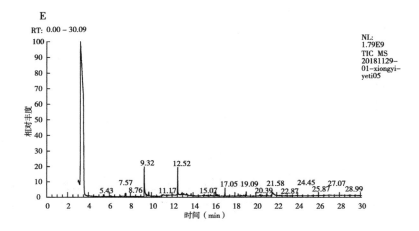

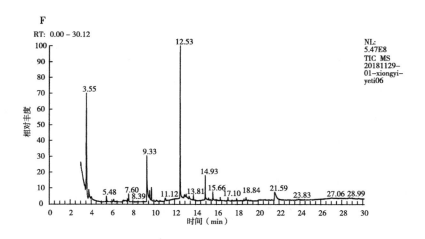

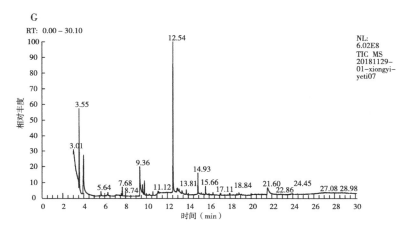

图 3-18　碱性木质素为底物发酵产物气相色谱图（溶剂为乙酸乙酯）

3.3.4　木质素降解菌在干草中的应用分析

接种菌剂后处理组苜蓿干草养分均有较大变化，见表 3-10。

表 3-10　添加菌剂后苜蓿干草营养成分情况

指标	CK	BA	AL	AJ	DZ	SY	MY	SEM	SIG
DM	85.43d	88.57a	88.07b	87.80c	87.88bc	88.18ab	87.02c	0.24	*
Ash	4.98d	5.37b	5.16c	5.14c	5.35b	5.46a	5.44a	0.02	*
EE	3.86a	3.23d	3.73ab	3.68b	3.33c	3.40c	3.06e	0.01	*
CP	17.55c	18.64b	21.05a	20.52a	16.90c	17.99bc	17.57c	0.11	*
ADL	12.10a	9.81c	8.97d	9.53cd	10.54b	10.05b	11.09ab	0.13	*
ADF	31.17a	25.35c	19.31e	21.02d	27.89b	25.87c	31.29a	0.21	**
aNDF	48.74a	34.64c	28.62e	30.80d	37.36b	35.05c	46.47a	0.26	**

注：SEM，标准误；SIG，显著性；*，$P<0.05$；** $P<0.01$；小写字母不同表示组间差异显著；CK，对照组；BA，阿氏芽孢杆菌；AL，鲁菲不动杆菌；AJ，约氏不动杆菌；DZ，类动胶杜擤氏菌；SY，鞘氨醇杆菌；MY，云南微球菌；下表同。

处理组 DM 含量均高于 CK 处理组，BA 和 SY 处理组的 DM 最高（$P<0.05$）。Ash 含量在接种菌剂后均有升高，SY 和 MY 处理组最高（$P<0.05$）。CK 和 AL 处理组的 EE 含量显著高于其他处理

组（$P<0.05$）。AL 和 AJ 处理组 CP 含量最高，显著高于其余处理组（$P<0.05$）。AL 和 AJ 处理组的 ADL 含量最低，显著低于其余 5 个处理组（$P<0.05$）。同时 AL 处理组的 ADF 含量和 aNDF 含量均最低，CK 和 MY 处理组最高（$P<0.01$）。表 3-11 是对苜蓿干草的饲用价值评估，AL 处理组 TDN、RFV、RFQ 和 MT 均最高，MY 处理组 TDN、MT 均较 CK 处理组低。其余处理组 4 项指标均高于 CK 处理组。

表 3-11 苜蓿干草饲用价值评估

指标	CK	BA	AL	AJ	DZ	SY
TDN	67.69	72.18	77.29	75.74	71.39	72.39
RFV	123	186	240	219	167	182
RFQ	164	234	310	281	217	234
Milkpton	1 641	1 873	2 084	2 019	1 834	1 877

接种菌剂后处理组燕麦干草养分较 CK 处理组差异显著（$P<0.05$），见表 3-12。DM 含量最高组为 AL 处理组，BA 处理组最低（$P<0.05$）。Ash 最高组为 AJ 处理组，CK、BA 和 MY 处理组无显著差异性（$P>0.05$）。EE 含量最高的组是 AJ 和 SY 处理组，BA 和 MY 处理组最低（$P<0.05$）。CP 含量最高是 CK 和 DZ 处理组，BA 处理组最低（$P<0.05$）。AJ 和 SY 处理组 ADL 最低，MY 处理组最高（$P<0.05$）。AL、DZ 和 SY 处理组 ADF 最低，其余组均显著高于这 3 个处理组。CK、BA 和 AL 处理组间的 aNDF 含量无显著差异，但这 3 个处理组均显著低于其余 4 个处理组。燕麦饲用价值评价见表 3-13，TDN 和 MT 均较 CK 处理组有所降低，BA 处理组 RFQ 最高。

表 3-12 添加菌剂后燕麦干草营养成分情况

指标	CK	BA	AL	AJ	DZ	SY	MY	SEM	SIG
DM	85.97b	83.6c	87.06a	85.87b	85.66b	86.3b	85.32b	0.028	*

（续表）

指标	CK	BA	AL	AJ	DZ	SY	MY	SEM	SIG
Ash	6.33d	6.27d	7.45c	9.41a	6.01d	8.39b	6.26d	0.036	*
EE	0.69c	0.47d	0.88b	0.94a	0.71c	1.04a	0.41d	0.029	*
CP	9.42a	8.05c	8.97b	8.93b	9.75a	9.10b	9.14b	0.044	*
木质素	4.35b	3.12c	3.43c	2.61d	4.39b	2.06d	4.91a	0.047	*
ADF	41.84b	44.41a	41.28b	43.50a	42.18b	42.22b	43.84a	0.039	*
aNDF	63.72b	63.97b	63.53b	65.73a	65.26a	65.75a	65.21a	0.025	*

表 3-13　燕麦干草饲用价值评估

指标	CK	BA	AL	AJ	DZ	SY
TDN	57.85	56.10	55.39	54.65	56.91	55.62
RFQ	117	123	108	108	111	110
Milkpton	1 314	1 138	1 244	1 168	1 287	1 213

3.4　讨论

3.4.1　菌株筛选结果

本研究微生物筛选自土壤、秸秆和青贮窖中，为厚壁菌门、变形菌门和放线菌门的 6 株细菌，包括阿氏芽孢杆菌、约氏不动杆菌、鲁菲不动杆菌、云南微球菌、类动胶杜擀氏菌和鞘氨醇杆菌。不同种类微生物对不同类型木质纤维素利用情况不同，筛选多种木质素降解菌，能够提高对饲草生物质能源的利用，对降解木质素和纤维素具有重要意义。

3.4.1.1　阿氏芽孢杆菌

阿氏芽孢杆菌是于 21 世纪初发现的细菌，近年国外研究多倾向生物质大分子降解，包括木质素及其副产物的降解和脱色研究[67]。

已经发现的阿氏芽孢杆菌 DC100 可产生木质素降解酶，如漆酶和过氧化物酶，已有研究人员对不同材料进行了降解试验，包括处理来自纺织加工业的残余染料[68,69]。因此，阿氏芽孢杆菌 DC100 在纺织工业废水处理中和生物除污中可作为一种生物类除污剂使用，并且还可以降解植物木质素。阿氏芽孢杆菌 BA03[43,44] 具有将阿魏酸转化为香草醛和4-乙烯愈创木酚的能力，能降解木质素。阿氏芽孢杆菌 BA03 可以将农业中木质纤维素废物或者工业芳香族化合物废料发酵合成新型产品。目前对其木质纤维素降解能力已进行了许多研究，但研究对象多为工业木质素或模式化合物，对天然植物来源的木质纤维素研究很少，后续研究可能对天然植物中木质纤维素降解效果和机理进行研究[70]。

芽孢杆菌属已发现降解木质素或参与木质素降解的种有地衣芽孢杆菌、枯草芽孢杆菌、苏云金芽孢杆菌、巨大芽孢杆菌和阿氏芽孢杆菌等。枯草芽孢杆菌 BS-7 可将阿魏酸转化为香草醛[71]，这是木质纤维素降解过程中重要的一步，而阿魏酸的降解意味着半纤维素和木质素的阿魏酸酯键的断裂，更有利于其降解木质素[34]，同时提高半纤维素利用率。Min 等发现一株能产生耐酸性木质素过氧化物酶的枯草芽孢杆菌，在30℃，pH 值为3.0时，其酶活性最高[67]。同时 Dwivedi 等发现的地衣芽孢杆菌在中性 pH 条件下，产漆酶活性最高，枯草芽孢杆菌和肺炎克雷白杆菌共同降解淤泥中的木质素及其他模式化合物[11]。

本试验中阿氏芽孢杆菌在特性鉴定表现并非最佳，但均能利用木质素和纤维素，且在发酵过程中表现出较短的延迟期。水解圈试验结果显示其纤维素水解圈直径大，但在4种不同碳源利用试验中，阿氏芽孢杆菌偏好于碱性木质素和纤维素培养基中生长，对木质素磺酸钠和羧甲基纤维素钠利用较差。

3.4.1.2 不动杆菌

约氏不动杆菌和鲁菲不动杆菌是不动杆菌属细菌，因为不动杆菌属细菌中有一部分菌为条件致病菌，所以不动杆菌的耐药性受到广泛的关注[72]，其中已明确致病的鲍曼不动杆菌研究最多。约氏不动杆菌对石油烃和芳香烃降解的研究报道较多[73-75]。

不动杆菌属中一些菌株可以降解芳香类化合物，常见的分离源为石油或废油，刘玉华和胡晓珂从滨州油井溢油污染土壤中筛选出约氏不动杆菌 BZ-15[76]。对芳香化合物的降解，为其降解木质素提供了理论支持。姜岩等从废油中分离出约氏不动杆菌，则对芳香化合物进行了降解试验，能够以萘为唯一碳源生长，在 37℃ 表现出极佳的降解能力，废油底物降解超过 70%[5]。马丹研究约氏不动杆菌 F-1 发现，在菲浓度为 100mg/L 的单碳培养基中发酵 5d 后，其对菲的降解率为 43.57%[77]。通过调节发酵条件，陕北石油污染土壤中筛选出两株不动杆菌对石油烃的降解率超过 60%[73]。除石油废油为提取分离源以外，吴为中也从土壤中分离出能降解芳香物的细菌，基因序列分析表明，该微生物为不动杆菌属（*Acinetobacter* sp.），它可以以氯酚为单一碳源，并能够有效地将其降解[3]。渤海湾油污区分离出不动杆菌 Tust-DM21，对烷烃和芳香烃均表现出较强的降解能力，降解率均超过 80%[78]。因不动杆菌在芳香化合物降解过程中表现的特性，其有具备降解木质素的可能。

两株不动杆菌在水解圈试验中表现出相似的趋势，这也是其亲缘关系近的体现，在苯胺蓝水解圈和刚果红水解圈试验中均表现极佳，水解圈直径均超过 1cm，但同时这两株菌也都未产生亮蓝水解圈。

3.4.1.3　鞘氨醇杆菌

鞘氨醇杆菌是一种鞘脂菌属革兰氏阴性细菌，段晓芹等从石油污染过的土壤中分离出鞘氨醇杆菌 BA3[79]，该菌株可降解 3-苯氧基苯甲酸，同时进一步研究发现能利用邻苯二酚、原儿茶酸、对苯二酚、和间苯二酚等。这些产物不仅在石油污染的土壤中存在，在植物中也大量存在，因为石油的最初来源也是动植物残体。袁军等从深海中分离出能够降解柴油的鞘氨醇杆菌（*S. yanoikuyae*）

H25[80]，并且该菌株含有双加氧酶基因片段。付博对多环芳烃降解菌 *Sphingobium sp.* FB3 进行了深入研究，并在大肠杆菌（*Escherichia coli*）中进行降解相关基因的共表达，以荧蒽为底物进行试验，发现编码环烃化双加氧酶 FlnA 的 4 个基因参与了荧蒽的降解，降解菲、蒽、芘的产物主要为二氢二醇[81]。

3.4.1.4 其他菌

类动胶杜擀氏菌属于 β 变形菌门，目前对其研究较少。但在一些研究中我们发现其可能具有木质素降解潜力，熊莉丽对木质素降解优势菌群进行研究，发现优势菌群是杜擀氏菌、假单胞杆菌和芽孢杆菌[82]。另外，虽然许多大型真菌对木质素具备降解能力，但这些大型真菌体内常含有共生的细菌，李强等通过变性梯度凝胶电泳（DGGE）分析松茸内生细菌的群落结构与多样性发现，虽然产碱杆菌和鞘氨醇杆菌为许多群落中的优势菌群，其中部分松茸内生菌的优势菌群为杜擀氏菌[83]。

在木质纤维素资源丰富的农田中，刘骁蓓等研究发现秸秆还田后土壤优势菌群发生变化，土壤中芽孢杆菌属细菌居多，但是同样含有较多的杜擀氏菌[84]。添加秸秆使得杜擀氏菌菌群数量增加，可能是木质纤维素对杜擀氏菌的促进作用。唐宗阳利用秸秆栽培杏鲍菇，其微生物配方中也加入了杜擀氏菌，增强秸秆中的碳源转化，促进杏鲍菇生长。

云南微球菌是放线菌门微球菌属细菌，陈苗苗等从造船厂油污土壤中分离处微球菌 2#，以柴油为唯一碳源，对柴油的降解率达到 65.7%，在 35℃条件下降解效果最佳[85]。

3.4.2 木质纤维素降解能力

本试验对 6 株细菌木质素降解相关酶和纤维素降解相关酶进行研究，首先测定菌对碱性木质素降解率进行分析，再测定漆酶、锰氧化物酶和过氧化物酶活性，发现连续 3d 发酵过程中，发酵时间对不同木质素降解酶和纤维素酶具有较大的影响，在一定温度范围内，不同菌株对温度的响应不同，但是降解温度均较为温和，这主要是筛选菌株环境决定的。

3.4.2.1 木质素降解率

不同研究使用的降解底物不同，本研究使用碱性木质素作为原料，降解过程通常需要在好氧情况下进行。李红亚等分离的 *B. amyloliquefaciens* MN-8 菌株发酵堆积的玉米秸秆 16d 后，其木质素降解率达到 24%[65,86]。樊云燕等于白蚁肠道筛选出枯草芽孢杆菌其 24h 木质素磺酸钠降解率达到 17.1%[87]。本试验菌株培养基的底物浓度为 5g/L，降解率为 38.8%～53.5%，高于前两者，这样的差异不仅是菌株的不同，底物类型与浓度也是造成降解率不同的原因。

在液体摇瓶发酵情况下，本研究菌株发酵时间比真菌发酵时间短，通常真菌在漫长的发酵过程中，降解率缓步提升，最终降解率会高于细菌，而且降解较为彻底，例如研究较多的白腐菌，黄孢原毛平革菌（*P. chrysosporium*）BKM-F-1767 的木质素降解率，培养 15d 后硫酸木质素的降解率达到 13.51%。王垚研究发现戴氏霉在好氧堆肥条件下发酵一个月，发酵时间长，但秸秆降解率达到 50.02%[88]。细菌降解木质素比真菌更快，但能否像白腐真菌一样将其完全降解为 CO_2，仍有待研究。

真菌降解木质素降解多以固态发酵（Solid state fermentation），类似于秸秆堆肥的好氧发酵形式进行研究。实验室临时保藏的菌株在接种后即表现出较高的降解率，菌株生长曲线的测定也表明 6 株菌进入对数期较快。第 2d 和第 3d 降解效果趋于平缓，可能是代谢产生的芳香化合物、大环类物质等对菌的生长产生影响，同时细菌生长进入稳定期和衰亡期，代谢活动减慢。第 2d 碱性木质素含量略微上升，可能是产生的醛、酮和醇等侧基影响最大吸收波长。

3.4.2.2 木质素酶系活性

纤维素酶活性是通过测定还原性糖产生量来间接确定的，细菌和真菌的纤维素酶结构有一定差异。鞘氨醇杆菌在发酵 72h 酶活达到 14 642. 65U/L，韦海婷等从梅花鹿瘤胃中分理处纤维素高效降解菌，蜡样芽孢杆菌 N-11 发酵 36h 酶活性最高，达到 12 563 U/L[89]。黄玉兰等从若尔盖草地中筛选出的缺陷短波单胞菌（Brevundimonas sp.）XW-1 发酵 3d 后酶活性达到最大值 15 400 U/L[90]。商品化或基因修饰的菌种其纤维素酶活性甚至高达 2 万，例如邓嘉雯等通过构建靶向沉默 RNA（siRNA）表达载体对里氏木霉（Trichoderma reesei）碳代谢阻遏因子进行抑制，使其纤维素酶活性在 72h 即超过 35U/mL[91]。纤维素酶活最低为类动胶杜撰氏菌 24h 发酵后的酶活，仅为 594.93U/L，6 株菌均在第 2d 或第 3d 具有较高的酶活性。阿氏芽孢杆菌、鲁菲不动杆菌和约氏不动杆菌酶活性受发酵时间影响不大，酶活性较为稳定。

木质素过氧化物酶是重要的木质素降解酶。阿氏芽孢杆菌在 24h 酶活性最低，除此外菌株酶活性范围在 4 300~7 300U/L，本研究细菌酶活性比真菌的酶活性低，Bharagava 等[10]研究嗜水气单胞菌（Aeromonas hydrophila）降解燃料的能力，测得木质素过氧化物酶活性也较低，最大酶活性未超过 2 000U/L。6 株菌木质素过氧化物酶活性均较高，且随着发酵时间的推移，鲁菲不动杆菌的木质素过氧化物酶活性在第 3d 达到最高，两株不动杆菌的酶活性较高和碳源利用试验结果一致。Yadav 和 Chandra[92]发现枯草芽孢杆菌（B. subtilis）和肺炎克雷白杆菌（Klebsiella pneumonia）共同培养能提高其木质素过氧化物酶活性，这为提高细菌酶活性提供了新思路。

Chai 等从东吴竹简中分离出丛毛单胞菌（Comamonas sp.）B-9[93]，研究其木质素锰氧化物酶在第 4d 酶活性最高为 2 903.2 U/L，其漆酶酶活性在第 6d 1 250U/L。发酵时间对酶活性有一定影响，本试验菌株第 3d 酶活性均高于丛毛单胞菌（Comamonas sp.）B-9，与菌株的分离源有重要关系。Asina 等测定真菌采绒革盖菌（Coriolus versicolor）漆酶酶活性为（1 455 ± 101）U/L[94]。虽然鲁菲不动杆菌活性高于采绒革盖菌，在实际降解应用中仍有差异。

鲁菲不动杆菌酶活性表现良好，与其对石油中酚类物质降解的研究结论较为符合，其优良的降解效果在木质素降解中尤为突出。

3.4.2.3 温度对木质素过氧化物酶和锰氧化物酶活性影响

试验所用菌株降解温度范围都较为温和，这是由分离源所决定的。分离源主要是土壤、腐殖质等，菌株难以表现出对极端温度耐受性。木质素过氧化物酶和锰氧化物酶最适温度较为一致，唯有云南微球菌最适温度表现出略微的差异。Min 等[95]对具备染料降解能力的枯草芽孢杆菌 *Bacillus subtilis* 进行木质素过氧化物酶相关试验，其最适温度 50℃，最佳 pH 值为 3.0。类似的，Dwivedi 在研究真菌和细菌漆酶差异的试验中得出地衣芽孢杆菌 *Bacillus licheniformis* 在 pH 值为 7.0，温度为 85℃时酶活性最高[11]。芽孢杆菌通常耐性很强，本研究阿氏芽孢杆菌木质素过氧化物酶和木质素锰氧化物酶活性最适温度也较高，达到 40℃。不动杆菌的两种酶最适温度均为 35℃，是由于这两株均为革兰氏阴性菌，细胞壁结构导致其最适温度低于阿氏芽孢杆菌。

3.4.3 木质素降解产物

本研究降解碱性木质素后大量产物仍然含有芳香环，通过 pH 值测定结果可知，细菌培养过程中 pH 值下降，它们通过产生弱酸为木质素代谢提供一定的助力，但 pH 值仍呈弱碱性。在木质素过氧化物酶等作用下，碱性木质素部分被分解，产物包括微生物代谢产生的软脂酸、硬脂酸和其对应的酯，以及产生了 D-赤型-戊酸内酯。细菌在发酵过程中，将 2，2'-二甲基联苯、2，2'，5，5'-四甲基联苯、邻苯二甲酸二丁酯、邻苯二甲酸二异丁酯、邻苯二甲酸二辛酯、乙酰丁香酮等含有苯环的有机物分解或部分分解。

研究者研究 *Sphingobium* sp. SYK-6 的 C1 代谢过程发现其能降解联苯类有机物[96-98]，通过一系列酶降解联苯类有机物的代谢方式被称为联苯代谢途径[97]，见示意图 3-19。本试验中 2，2'-二甲基联苯、2，2′，5，5′-四甲基联苯是对照组中含有的一类带苯环的有机物，但是发酵 3d 后，添加菌株的处理组中未检测出。本研究中 6 株菌可能均具有这种代谢途径，该途径通过脱甲基酶 LigX 脱去联苯基团外甲基，替换为酚羟基，然后在 LigZ 双加氧酶的作用下苯环被打开，最后 LigY 酶使 C-C 键断裂，生成羧酸和芳香酸进入下一步代谢。

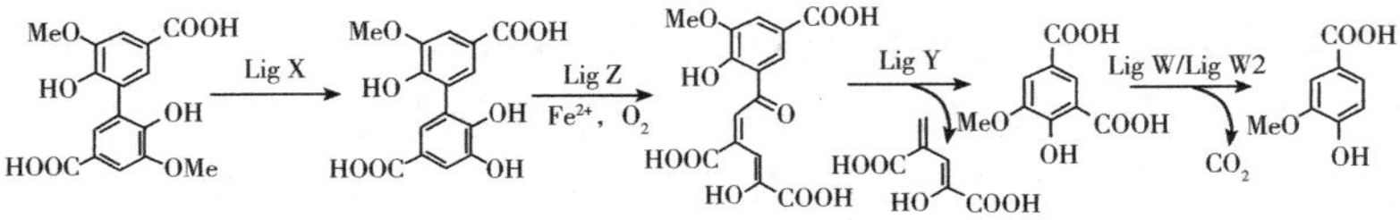

图 3-19 联苯代谢途径示意[96]

邻苯二甲酸二丁酯（Dibutyl phthalate）、邻苯二甲酸二异丁酯和邻苯二甲酸二辛酯，及其类似有机物在本研究中均被降解掉，可能通过邻苯二甲酸二丁酯（DBP）好氧代谢途径[97,99]，形成紫丁香基、原儿茶酸等酚类化合物，进而转化成丙酮酸等进入三羧酸循环，最终完全分解为 CO_2 和水。

芳香醚键的裂解是木质素降解中必要的环节，木质素中含有大量的 β-O-4 醚键，在脱氢酶 LigD 的催化作用下，α-OH 被氧化成相应的酮[100]。本研究中碱性木质素最终被 6 种细菌分解，最终产物未检测到香草醛、香草酸和阿魏酸等，可能不具备香草酸代谢途径和阿魏酸途径[98]。芳香环裂解后，本研究中细菌代谢产生了大量的长链脂肪酸，软脂酸和硬脂酸及一些脂肪酸酯和环状的戊酸内酯。通过 GC-MS 分析发现，6 株菌降解产物情况相似，通过联苯代谢途径、DBP 好养降解途径以及芳香醚键裂解途径等，具备打开苯环、降解大分子芳香酯以及将酚类化合物转化为羧酸的能力，突出表现在对联苯物质、邻苯二甲酸酯类物质和乙酰丁香酮的降解。通过不同极性的溶剂能够较为完善的分析降解产物，但是仅能分析降解起始的变化，无法对降解过程完整的诠释。

3.4.4　木质素降解菌在干草中的应用

近年来，畜牧企业不再以单一进口或收购散户饲草用来加工干草，逐步开始规模化种植牧草，同时购买优质产地的牧草或进口牧草作为冬春储备料。同时随着中美贸易摩擦的持续，我国美国进口苜蓿到岸价格将大幅度增加，国产苜蓿干草亟须填补饲草空缺。我国燕麦栽培历史悠久，多种植于北方及部分高海拔地区。苜蓿则是晋北牧区重要的粗饲料来源。随着"粮改饲"政策的推行，雁门关以北地区大规模种植燕麦、苜蓿等饲料作物，燕麦是晋北地区栽培的主要作物之一，紫花苜蓿是晋北地区畜牧业赖以生存的重要饲草[101]。饲料养分检测方法众多，近红外光谱（NIRS）分析技术近年来被应用于不同类型饲料样品的检测，具有操作简单、快速和高效等优点[102]，同时也能快速测定氨基酸等其他营养成分[103]。

微生物在降解过程中，对苜蓿和燕麦饲草养分影响较大，即使在水分较低情况下，微生物活跃程度较低的时候，木质素降解程度和养分损失的多少也需要达到有利的状态。虽然干草水分含量较低，但干草中添加剂和菌剂的应用并不少见，干草添加剂主要有化学添加剂、生物添加剂和天然添加剂[104]。国外干草打捆含水量在20%~30%，同时施加添加剂，防止发霉发热，这样打捆时干草不易损失养分含量较高的叶片。除了作为防霉剂的丙酸以外，需氧型微生物将有望被添加进草捆中。

本试验除云南微球菌以外接种菌剂后苜蓿干草养分和品质均有不同程度的提高，其中鲁菲不动杆菌表现最佳，这也与其降解能力和降解酶活性有关。不同干草中木质素含量的不同使得菌株应用表现出明显的差异。燕麦干草木质素含量低，菌剂添加后造成干物质的损失以及必要养分的减少，而木质纤维素组分未得到有效改善，所以在燕麦干草应用中，饲用价值则均出现一定程度的降低。鲁菲不动杆菌在进行安全评价后可作为提高苜蓿干草饲用价值的添加剂。

3.5 结论

本研究从筛选分离出具备木质纤维素降解能力的 6 株功能菌。并通过酶活性试验、降解产物分析和在干草中的应用得出以下结论。

（1）鲁菲不动杆菌等 6 株菌均能利用碱性木质素作为单一碳源生长，其中阿氏芽孢杆菌在碱性木质素液体培养基中降解率最高，达到 53.5%。鲁菲不动杆菌酶活性表现最佳，在 35℃时，其酶活性最高。

（2）鲁菲不动杆菌等 6 株菌均能将丁香酮类物质、联苯类物质和邻苯二甲酸二丁酯类物质降解，可能通过 DBP 好氧途径和联苯代谢途径降解碱性木质素。

（3）鲁菲不动杆菌在苜蓿干草应用中表现良好，极大程度地提高了苜蓿干草的饲用价值。但所有菌剂在燕麦干草中应用较差，降低了燕麦干草的品质。

参考文献

［1］ KANG X, KIRUI A, DICKWELLA W M C, et al. Lignin-polysaccharide interactions in plant secondary cell walls revealed by solid-state NMR ［J］. Nature Communications, 2019, 10（1）: 347-356.

［2］ NISHIMURA H, KAMIYA A, NAGATA T, et al. Direct evidence for α ether linkage between lignin and carbohydrates in wood cell walls ［J］. Scientific Reports, 2018, 8（1）: 6538-6348.

［3］ 吴为中，冯叶成，王建龙. 不动杆菌（*Acinetobacter* sp.）降解 4-氯酚的特性及机制研究 ［J］. 环境科学, 2008（11）:

3185-3188.

［4］ 李翔宇. 木质纤维素与塑料废弃物共催化热解制备芳烃和烯烃研究［D］. 北京：清华大学，2015.

［5］ 姜岩，张晓华，杨颖，等. 基于约氏不动杆菌的萘生物降解特性［J］. 化工学报，2016，67（9）：3981-3987.

［6］ JOSEPH Z, BRUIJNINCX P C A, JONGERIUS A L, et al. The catalytic valorization of lignin for the production of renewable chemicals［J］. Chemical Reviews, 2013, 110（6）：3552-3599.

［7］ RAGAUSKAS A J, BECKHAM G T, BIDDY M J, et al. Lignin valorization：improving lignin processing in the biorefinery［J］. Science, 2014, 344（6185）：1246843-1246843.

［8］ ZHU G, LIN M, DI F, et al. Effect of Benzyl Functionality on Microwave-Assisted Cleavage of C α-C β Bonds in Lignin Model Compounds ［J］. Journal of Physical Chemistry C, 2017, 121（3）：1537-1545.

［9］ CHENG C, DONG X J, OU Y X, et al. Effect of structural characteristics on the depolymerization of lignin into phenolic monomers［J］. Fuel, 2018, 223（9）：366-372.

［10］ BHARAGAVA R N, MANI S, MULLA S I, et al. Degradation and decolourization potential of an ligninolytic enzyme producing Aeromonas hydrophila for crystal violet dye and its phytotoxicity evaluation［J］. Ecotoxicology & Environmental Safety, 2018, 156（6）：166-175.

［11］ DWIVEDI U N, SINGH P, PANDEY V P, et al. Structure-function relationship among bacterial, fungal and plant laccases［J］. Journal of Molecular Catalysis B, Enzymatic, 2011, 68（2）: 117-128.

[12] BUGG T D H, AHMAD M, HARDIMAN E M, et al. ChemInform abstract: pathways for degradation of lignin in bacteria and fungi [J]. Natural Product Reports, 2011, 28（12）: 1883-1896.

[13] CHEN X, HU Y, FENG S, et al. Lignin and cellulose dynamics with straw incorporation in two contrasting cropping soils [J]. Scientific Reports, 2018, 8（1）: 1633-1633.

[14] 李忠正. 可再生生物质资源——木质素的研究 [J]. 南京林业大学学报（自然科学版）, 2012, 36（1）: 1-7.

[15] 廖俊和. 木质素理化性质及其作为肥料载体的研究进展 [J]. 纤维素科学与技术, 2004, 12（1）: 55-60.

[16] 葛云龙, 赵修华, 祖元刚, 等. 3种木质素的主要理化性质分析 [J]. 植物研究, 2013, 33（6）: 766-769.

[17] 强涛, Jinwu W, Michael W P. 纤维素/聚乳酸复合材料的结构与性能 [J]. 高分子材料科学与工程, 2018, 34（6）: 60-64.

[18] 张景强, 林鹿, 孙勇, 等. 纤维素结构与解结晶的研究进展 [J]. 林产化学与工业, 2008, 28（6）: 109-114.

[19] 刘丽英, 王志军, 尹强, 等. 3种饲草不同配比的体外消化特性及组合效应分析 [J]. 畜牧兽医学报, 2017, 48（6）: 1066-1075.

[20] 蒋挺大. 木质素 [M]. 第2版. 北京: 化学工业出版社, 2009.

[21] HATFIELD R D, RANCOUR D M, MARITA J M. Grass cell walls: a story of cross-linking [J]. Frontiers in Plant Science, 2016, 7（1）: 2056-2059.

[22] 邓玉营, 阮文权, 郁莉, 等. pH 调控对瘤胃液接种稻

秸厌氧消化中水解菌及产甲烷菌的影响 [J]. 农业环境科学学报, 2018, 37 (4): 813-819.

[23]　HAVE R T, TEUNISSEN P J. Oxidative mechanisms involved in lignin degradation by white-rot fungi [J]. Chemical Reviews, 2001, 101 (11): 3397-3414.

[24]　张斯童, 兰雪, 李哲, 等. 微生物降解玉米秸秆的研究进展 [J]. 吉林农业大学学报, 2016, 38 (5): 517-522.

[25]　付春霞, 付云霞, 邱忠平, 等. 木质素生物降解的研究进展 [J]. 浙江农业学报, 2014, 26 (4): 1139-1144.

[26]　FANG X, LI Q, LIN Y, et al. Screening of a microbial consortium for selective degradation of lignin from tree trimmings [J]. Bioresource Technology, 2018, 254 (4): 247-255.

[27]　郁红艳, 曾光明, 牛承岗, 等. 细菌降解木质素的研究进展 [J]. 环境科学与技术, 2005, 28 (2): 108-110, 113, 124.

[28]　谢长校. 细菌降解木质素的研究进展 [J]. 微生物学通报, 2015, 42 (6): 1122-1132.

[29]　罗爽, 谢天, 刘忠川, 等. 漆酶/介体系统研究进展 [J]. 应用与环境生物学报, 2015, 21 (6): 987-995.

[30]　GONZALO DE G, DANA I C, MOHAMED H M H, et al. Bacterial enzymes involved in lignin degradation [J]. Journal of Biotechnology, 2016, 236: 110-119.

[31]　BUGG T D H, MARK A, HARDIMAN E M, et al. The emerging role for bacteria in lignin degradation and bio-product formation [J]. Current Opinion in Biotechnology, 2011, 22 (3): 394-400.

[32]　RONG X, ZHANG K, LIU P, et al. Lignin depolymeriza-

tion and utilization by bacteria [J]. Bioresource Technology, 2018, 269 (11): 557-566.

[33] PEIQIANG Y, MAENZ D D, MCKINNON J J, et al. Release of ferulic acid from oat hulls by Aspergillus ferulic acid esterase and trichoderma xylanase [J]. Journal of Agricultural & Food Chemistry, 2002, 50 (6): 1625-1630.

[34] 王丽, 孙钦栋, 王贺祥. 阿魏酸酯酶的研究与应用进展 [J]. 山东农业大学学报 (自然科学版), 2016, 47 (4): 628-635.

[35] JIN L, DUNIERE L, LYNCH J P, et al. Impact of ferulic acid esterase producing lactobacilli and fibrolytic enzymes on conservation characteristics, aerobic stability and fiber degradability of barley silage [J]. Animal Feed Science & Technology, 2015, 207 (9): 62-74.

[36] HATFIELD R D, RALPH J, GRABBER J H. Cell wall cross-linking by ferulates and diferulates in grasses [J]. Journal of the Science of Food & Agriculture, 1999, 79 (3): 403-407.

[37] CAI L, CHEN T, ZHENG S, et al. Decomposition of lignocellulose and readily degradable carbohydrates during sewage sludge biodrying, insights of the potential role of microorganisms from a metagenomic analysis [J]. Chemosphere, 2018, 201 (6): 127-136.

[38] 王金兰, 王禄山, 刘巍峰, 等. 降解纤维素的 "超分子机器" 研究进展 [J]. 生物化学与生物物理进展, 2011, 38 (1): 28-35.

[39] 赵银瓶, 马诗淳, 孙颖杰, 等. 嗜热厌氧纤维素分解菌的分离、鉴定及其酶学特性 [J]. 微生物学报, 2012, 52 (9): 1160-1166.

[40] 杨腾腾, 周宏, 王霞, 等. 微生物降解纤维素的新机制 [J]. 微生物学通报, 2015, 42 (5): 928-935.

[41] 郑艳红, 戴芸芸, 杨洋, 等. 废次烟叶提取液源木质素降解菌 *Bacillus subtilis* SM 降解特性 [J]. 微生物学通报, 2017, 44 (7): 1525-1534.

[42] KASIRAJAN L, HOANG N V, FURTADO A, et al. Transcriptome analysis highlights key differentially expressed genes involved in cellulose and lignin biosynthesis of sugarcane genotypes varying in fiber content [J]. Scientific Reports, 2018, 8 (1): 11612-11625.

[43] PAZ A, CARBALLO J, PÉREZ M, et al. Bacillus aryabhattai BA03: a novel approach to the production of natural value-added compounds [J]. World Jorunal of Microbiology and Biotechnology, 2016, 32 (10): 159-160.

[44] PAZ A, OUTEIRIÑO D, DOMÍNGUEZ J M. Fed-batch production of vanillin by *Bacillus aryabhattai* BA03 [J]. New Biotechnology, 2017a, 40 (Pt B): 186-191.

[45] CRAGG S M, BECKHAM G T, BRUCE N C, et al. Lignocellulose degradation mechanisms across the tree of life [J]. Current Opinion in Chemical Biology, 2015, 29 (11): 108-119.

[46] PUNIYA A K, ZADRAZIL F, SINGH K. Influence of gaseous phases on lignocellulose degradation by Phanerochaete chrysosporium [J]. Bioresource Technology, 1994, 47 (2): 181-183.

[47] DIXON R A. Microbiology: Break down the walls [J]. Nature, 2013, 493 (7430): 36-37.

[48] HU Z, ZHANG G, MUHAMMAD A, et al. Genetic loci simultaneously controlling lignin monomers and biomass

digestibility of rice straw [J]. Scientific Reports, 2018, 8 (1): 3636-3646.

[49] ACHINAS S, EUVERINK G J W. Consolidated briefing of biochemical ethanol production from lignocellulosic biomass [J]. Electronic Journal of Biotechnology, 2016, 23 (C): 44-53.

[50] JIN L, DUNIÈRE L, LYNCH J P, et al. Impact of ferulic acid esterase-producing lactobacilli and fibrolytic enzymes on ensiling and digestion kinetics of mixed small-grain silage [J]. Grass & Forage Science, 2017, 72 (1): 80-89.

[51] ABOAGYE I A, LYNCH J P, CHURCH J S, et al. Digestibility and growth performance of sheep fed alfalfa hay treated with fibrolytic enzymes and a ferulic acid esterase producing bacterial additive [J]. Animal Feed Science & Technology, 2015, 203 (5): 53-66.

[52] CARLOS C, FAN H, CURRIE C R. Substrate shift reveals roles for members of bacterial consortia in degradation of plant cell wall polymers [J]. Frontiers in Microbiology, 2018, 9: 364-369.

[53] WU X, FAN X, XIE S, et al. Solar energy-driven lignin-first approach to full utilization of lignocellulosic biomass under mild conditions [J]. Nature Catalysis, 2018, 1 (10): 772-780.

[54] SHAO Y, XIA Q, DONG L, et al. Selective production of arenes via direct lignin upgrading over a niobium-based catalyst [J]. Nature Communications, 2017, 8 (7): 16104-16109.

[55] CAI Y, ZHANG K, KIM H, et al. Enhancing digestibility

and ethanol yield of Populus wood via expression of an engineered monolignol 4 − O − methyltransferase [J]. Nature Communications, 2016, 7 (6): 11989−11995.

[56] NAIK P, WANG J P, SEDEROFF R, et al. Assessing the impact of the 4CL enzyme complex on the robustness of monolignol biosynthesis using metabolic pathway analysis [J]. PLoS One, 2018, 13 (3): e0193896−e0193904.

[57] LI M, YOO C G, PU Y, et al. Downregulation of pectin biosynthesis gene GAUT4 leads to reduced ferulate and lignin − carbohydrate cross − linking in switchgrass [J]. Communications Biology, 2019, 2 (1): 22−32.

[58] 李霄虹. 杉木木质素在不同水热条件下解聚及产物形成特性研究 [D]. 广州: 华南理工大学, 2015.

[59] 秦红英. 高效液相色谱法在中草药酚类化合物分析中的应用研究 [D]. 重庆: 西南大学, 2015.

[60] LADEIRA S A, CRUZ E, DELATORRE A B, et al. Cellulase production by thermophilic Bacillus sp. SMIA−2 and its detergent compatibility [J]. Electronic Journal of Biotechnology, 2015, 18 (2): 110−115.

[61] MA L, YANG W, MENG F, et al. Characterization of an acidic cellulase produced by Bacillus subtilis BY−4 isolated from gastrointestinal tract of Tibetan pig [J]. Journal of the Taiwan Institute of Chemical Engineers, 2015, 56 (11): 67−72.

[62] 李靖, 程舟, 杨晓伶, 等. 紫外分光光度法测定微量人参木质素的含量 [J]. 中药材, 2006, 29 (3): 239−241.

[63] 柯丽霞, 王梦远, 吴青. 提高平菇深层培养木质素降解酶活性和对直接湖蓝 5B 脱色率的探索性研究 [J]. 环

境科学学报, 2015, 35 (5): 1449-1456.

[64] BARROS F, DYKES L, AWIKA J M, et al. Accelerated solvent extraction of phenolic compounds from sorghum brans [J]. Journal of Cereal Science, 2013, 58 (2): 305-312.

[65] 李红亚. 产芽孢木质素降解菌 MN-8 的筛选及其对木质素的降解 [J]. 中国农业科学, 2014, 47 (2): 324-333.

[66] 谢长校. *Bacillus Ligniniphilus* L1 降解木质素机理的初步研究 [D]. 镇江: 江苏大学, 2016.

[67] MIN K S, GONG G T, HANMIN W, et al. A dye-decolorizing peroxidase from *Bacillus subtilis* exhibiting substrate-dependent optimum temperature for dyes and β-ether lignin dimer [J]. Scientific Reports, 2015, 5 (2): 8245-8249.

[68] PAZ A, CARBALLO J, PEREZ M J, et al. Biological treatment of model dyes and textile wastewaters [J]. Chemosphere, 2017b, 181 (8): 168-177.

[69] PAZ A, CARBALLO J, PEREZ M J, et al. Microbial decoloration of dyes by *Bacillus aryabhattai* [J]. New Biotechnology, 2016, 33 (3): 421-432.

[70] 熊乙, 欧翔, 贾蓉, 等. 阿氏芽孢杆菌应用研究进展 [J]. 生物技术, 2018, 28 (3): 302-306.

[71] CHEN P, YAN L, ZHANG S, et al. Optimizing bioconversion of ferulic acid to vanillin by *Bacillus subtilis* in the stirred packed reactor using Box-Behnken design and desirability function [J]. Food Science & Biotechnology, 2017, 26 (1): 143-152.

[72] 王凌伟, 陈升汶. 鲍曼不动杆菌基因同源性分析 [J]. 中国感染与化疗杂志, 2006, 6 (2): 30-32.

[73] 王虎, 吴玲玲, 周立辉, 等. 陕北地区石油污染土壤中

不动杆菌属的筛选、鉴定及降解性能 [J]. 生态学报，2014，34（11）：2907-2915.

[74] 刘玉华，王慧，胡晓珂. 不动杆菌属（Acinetobacter）细菌降解石油烃的研究进展 [J]. 微生物学通报，2016a，43（7）：1579-1589.

[75] 周婷，陈吉祥，杨智，等. 一株嗜油不动杆菌（Acinetobacter oleivorans）的分离鉴定及石油降解特性 [J]. 环境工程学报，2015，9（11）：5626-5632.

[76] 刘玉华，胡晓珂. 高效石油烃降解菌不动杆菌（Acinetobacter sp. BZ-15）的筛选、鉴定及其降解性能研究 [J]. 中国科学：生命科学，2016b，46（9）：1091-1100.

[77] 马丹. 菲降解约氏不动杆菌（Acinetobacter johnsonii）F-1筛选、降解功能及应用 [D]. 兰州：兰州理工大学，2018.

[78] 邸富荣，宋东辉，刘凤路，等. 分离海洋不动杆菌及其对石油烃降解性能研究 [J]. 海洋环境科学，2017，36（6）：898-904.

[79] 段晓芹，郑金伟，张隽，等. 3-PBA 降解菌 BA3 的降解特性及基因工程菌构建 [J]. 环境科学，2011，32（1）：240-246.

[80] 袁军，赖其良，郑天凌，等. 深海多环芳烃降解菌新鞘氨醇杆菌 H25 的降解特性及降解基因 [J]. 微生物学报，2008，48（9）：1208-1213.

[81] 付博. Sphingobium sp. FB3 中多环芳烃环羟化双加氧酶基因克隆及功能分析 [D]. 北京：中国农业大学，2014.

[82] 熊莉丽. 木质纤维素优势降解菌株的酶学特性及其产物研究 [D]. 成都：西南交通大学，2014.

[83] 李强, 李小林, 黄文丽, 等. 四川松茸内生细菌群落结构与多样性 [J]. 应用生态学报, 2014, 25 (11): 3316-3322.

[84] 刘骁蒨, 涂仕华, 孙锡发, 等. 秸秆还田与施肥对稻田土壤微生物生物量及固氮菌群落结构的影响 [J]. 生态学报, 2013, 33 (17): 5210-5218.

[85] 陈苗苗, 陈书洁, 方旭波, 等. 柴油降解菌的筛选及降解能力研究 [J]. 生物技术通报, 2009, 25 (12): 160-163.

[86] 李红亚, 李术娜, 王树香, 等. 解淀粉芽孢杆菌 MN-8 对玉米秸秆木质纤维素的降解 [J]. 应用生态学报, 2015, 26 (5): 1404-1410.

[87] 樊云燕, 李昆, 张锦华. 木质素降解菌的筛选及其漆酶性质研究 [J]. 畜牧与兽医, 2015, 47 (10): 35-40.

[88] 王垚. 几种耐热戴氏霉对秸秆的降解效果 [J]. 微生物学通报, 2015, 42 (7): 1279-1286.

[89] 韦海婷, 刘晗璐, 李光玉, 等. 梅花鹿瘤胃纤维素降解菌的分离鉴定及其酶活力测定 [J]. 中国畜牧兽医, 2018, 45 (4): 888-897.

[90] 黄玉兰, 李征, 刘晓宁, 等. 一株耐低温纤维素酶高产菌株的筛选、鉴定和产酶的初步试验 [J]. 微生物学通报, 2010, 37 (5): 0637-0644.

[91] 邓嘉雯, 高云雨, 刘旭坤, 等. 多靶向沉默里氏木霉碳代谢阻遏物对纤维素酶活性和表达的调控研究 [J/OL]. 微生物学报: 1-20 [2019-03-19]. https://doi.org/10.13343/j.cnki.wsxb.20180285.

[92] YADAV S, CHANDRA R. Syntrophic co-culture of *Bacillus subtilis* and *Klebsiella pneumonia* for degradation of kraft lignin discharged from rayon grade pulp industry [J].

Journal of Environmental Sciences, 2015, 33 (7): 229-238.

[93] CHAI L Y, CHEN Y H, TANG C J, et al. Depolymerization and decolorization of kraft lignin by bacterium *Comamonas* sp. B-9 [J]. Applied Microbiology & Biotechnology, 2014, 98 (4): 1907.

[94] ASINA F, BRZONOVA I, KOZLIAK E I, et al. Microbial treatment of industrial lignin: successes, problems and challenges [J]. Renewable & Sustainable Energy Reviews, 2017, 77 (9): 1179-1205.

[95] MIN K S, GONG G T, HANMIN W, et al. A dye-decolorizing peroxidase from *Bacillus subtilis* exhibiting substrate-dependent optimum temperature for dyes and β-ether lignin dimer [J]. Scientific Reports, 2015, 5 (2): 8245-8249.

[96] SONOKI T, MASAI E, SATO K, et al. Methoxyl groups of lignin are essential carbon donors in C1 metabolism of *Sphingobium* sp. SYK-6 [J]. Journal of Basic Microbiology, 2010, 49 (S1): S98-S102.

[97] XU G, LI F, WANG Q. Occurrence and degradation characteristics of dibutyl phthalate (DBP) and di-(2-ethylhexyl) phthalate (DEHP) in typical agricultural soils of China [J]. Science of the Total Environment, 2008, 393 (2): 333-340.

[98] EIJI M, YOSHIHIRO K, MASAO F. Genetic and biochemical investigations on bacterial catabolic pathways for lignin-derived aromatic compounds [J]. Journal of the Agricultural Chemical Society of Japan, 2007, 71 (1): 1-15.

[99] 范思艺, 陈芳艳, 唐玉斌, 等. 1 株金黄杆菌的分离鉴

定及其对 DBP 的降解特性 [J]. 环境科学与技术，2018，41 （S1）：41-46.

[100] AHMAD M, TAYLOR C R, PINK D, et al. Development of novel assays for lignin degradation: comparative analysis of bacterial and fungal lignin degraders [J]. Molecular BioSystems, 2010, 6 (5): 815-821.

[101] 孙建平，董宽虎，蒯晓妍，等. 晋北农牧交错区引进燕麦品种生产性能及饲用价值比较 [J]. 草业学报，2017，26 （11）：222-230.

[102] 王利，孟庆翔，任丽萍，等. 近红外光谱快速分析技术及其在动物饲料和产品品质检测中的应用 [J]. 光谱学与光谱分析，2010，30 （6）：1482-1487.

[103] 李守学，陈玉艳，贾铮，等. 饲料添加剂 L-赖氨酸硫酸盐中 L-赖氨酸含量近红外速测方法研究 [J]. 动物营养学报，2017，29 （10）：3710-3717

[104] 钟瑾，倪奎奎，杨军香，等. 我国饲用草产品加工技术的现状及展望 [J]. 科学通报，2018，63 （17）：1677-1685.

4 高氨氮利用酵母筛选及其固态发酵苜蓿粉的应用研究

4.1 前言

4.1.1 饲用蛋白资源

由于世界人口的增长和城市化进程的推动，预计到 2025 年，人们对动物源性的食品需求与 2000 年相比会增长 70%，对动物饲料的需求将增加到 15 亿 t，其中主要增长地区将在亚洲和非洲[1]。此外，关于动物福利、环境污染最小化及使用何种与生产效率相关却不适合人类食用的新成分等问题是饲料行业现面临的主要挑战[2]。正是因为这些挑战的存在，在与动物营养有关的许多领域（包括饲料技术）中，我们有了创新的需求。大多数预测表明，在未来饲料价格上涨，先进的饲料技术和营养方面的经济机会将会增加[3]。

随着我国畜牧业和养殖业的快速发展，蛋白质饲料的需求量也与日俱增，而蛋白质饲料的大量短缺已成为制约我国畜牧行业良性发展的关键因素。其中大豆蛋白在蛋白饲料中占据重要地位，而我国大豆的产量受到大豆品种单产量和种植面积的制约。而近年来，由于国内大豆产量增长缓慢已不足以支撑我国养殖业的快速发展，导致大豆价格不断上涨，甚至我们每年还需要从国外进口大量的大豆，致使饲喂成本提高，养殖业的发展已然到达瓶颈期。因国际市场对蛋白质需求增加，鱼粉的价格开始不断上涨[4]。商业捕鱼业可能会通过寻找海洋、沿海、湖泊和河流中存在的其他未开发杂食性鱼类来替代鱼粉饲料作为多种蛋白质来源，以实现畜牧和水产养殖的可持续发展[5]。

另一方面，因为普通蛋白质来源的数量有限，所以必须引入一种新的蛋白质来源，即单细胞蛋白（Single cell protein，SCP），作为人类饮食和动物育种饲料的合适替代品。今天，SCP被认为是一种很好的浓缩因子，可以用于动物饲料以及汤、焙烤产品和其他供人类食用的食品[6]。而在当今世界，亚洲、非洲和南美洲的一些发展中国家出现不同程度的粮食短缺现象，未来几年可能还会出现在更发达的国家，所以SCP可以作为解决国家蛋白质饲料短缺的途径之一。

4.1.2 单细胞蛋白研究

人口的极端增长导致人们贫穷和饥饿以及生活质量的下降。因此，人类一直在尝试通过技术进步来克服危机，这些技术进步可以帮助人们更多地获得食物。在这个全球化社会的时代，最终可通过技术革命对人类生存的可用资源做出可靠的估计。确实，有两种主要机制导致未来对粮食和水的需求出现重要增长。首先，人口增长快，这意味着到2050年，人口将增加到大约93亿[7]；第二，生活水平将提高，到2050年将有30亿人属于不断扩大的中产阶级，这主要是因为发展中国家的经济增长，导致生活方式和饮食的改变。这些变化导致的结果是蛋白质需求量增加50%[8]，肉制品需求量增加102%[9]。因此，面对这样的世界性问题，蛋白质生产已成为各种研究调查的主题。这些研究中最有利的方法之一是获得通过发酵从农业废物源中生产的SCP[10,11]。如文献所定义，SCP被用于补充饲料中蛋白的缺乏。以废物或者低价的原料为底物进行微生物发酵，制成人们所需要的产品[10,11]。

尽管人类在食物和动物饲料的生产中一直使用微生物，但在过去的100年中就已经开发出SCP作为食物的生产技术。实际上，其大规模生产是在 20 世纪，特别是第一次世界大战之后发展起来的[12]。考虑到现有微生物的广泛范围，从营养方面研究其产生更多数量微生物的最佳条件，更好质量的 SCP 仍然是全世界研究的一个领域。人们正在努力寻找目前用于生产 SCP 的营养来源和方法，以更好地让全世界接受这种有价值的营养补充剂[13]。

SCP 一词被认为是最合适的术语，因为它是由单细胞生物产生的[14]。研究发现，酵母能够在 24h 内生产约 250t 蛋白质[15]。SCP 的术语是 1968 年首次引入的，当时科学家们在一次会议上一起发现了常见实践中最好的替代术语，即美国马萨诸塞州技术学院的微生物蛋白[16]。SCP 是由各种微生物产生的，包括藻类、细菌、真菌和酵母。其中，真菌和细菌是该蛋白的主要生产者[17]，因为它们具有生长速度快和蛋白质含量高的特点[18]。一些专门在水生介质中培养的藻类也出于此目的[19]。除以干物质为基础的 60% ~ 82% 的高蛋白质含量外，SCP 还包含碳水化合物、核酸、脂肪、矿物质和维生素[20]。与 SCP 相关的另一个优势是，它富含各种必需氨基酸，如赖氨酸、蛋氨酸，而在大多数动植物来源中这些氨基酸的含量都不足[21]。据报道，SCP 可以很好地替代鱼粉和豆粕等昂贵的蛋白质来源[22]。蛋白质大量存在于微生物细胞中，微生物细胞是由不同来源的无机氮（例如氨）形成的，也存在于藻类中[23,24]。在 SCP 生产中也很普遍使用不同的有机资源，如来自工业和农业的废品[25]。

4.1.2.1 单细胞蛋白的微生物种类

选择微生物蛋白优势广泛，包括：微生物产生时间短，细胞中蛋白质含量高，根据培养条件或遗传修饰形成氨基酸谱的能力以及通过发酵独立于气候条件连续生产的可能性条件[26]。有多种类型的微生物可用于生产发酵的蛋白质原料，最基本的要求是它们安全，无毒且无致病隐患。对安全性、生产效率，菌株质量和培养条件以及培养条件进行评估。SCP 是由藻类、酵母、细菌和真菌产生的大量干细胞（生物质）。它也可以称为生物蛋白、微生物蛋白或生物质[27]。这些微生物可用作人类和动物饮食中富含蛋白质的补充剂或成分[28]。单细胞蛋白可以替代植物蛋白，是因为它们不需要大面积土地或大量水来生产[29]。与植物来源不同，它们的产量也不受季节和气候变化的影响，并且全年均可生产。此外，它们不会像植物蛋白来源那样向环境排放温室气体[30]。

（1）细菌。细菌的产生时间非常短，因为它们的细胞在 20~120min 内可迅速大量繁殖[31]。它们还具有在各种原材料、淀粉、糖等可食用基质上生长的能力[32,33]。细菌很容易在有机物和石化产品（如乙醇、甲醇和氮气）的废物中繁殖。它们还可以在补充有矿物质和营养物质的天然水中繁殖，这有助于满足其生长所需的营养物质的需求。一些细菌如嗜甲基菌属（*Methylophilus*）。产生时间很短，只有 2h，也是动物饲料的有用成分。此外，它们的蛋白质在化学上比任何酵母或真菌都更好[34]。

（2）真菌。许多真菌物种用于生产单细胞蛋白。由于其化学组成和氨基酸特征，来自不同真菌物种的蛋白质比其他来源的蛋白质更为可取[34-38]。当真菌主要用于 SCP 生产时，它们含有 30%~50%的蛋白质。它们的氨基酸谱也符合粮农组织的标准。它们的蛋白质富含赖氨酸和苏氨酸，但缺乏半胱氨酸和蛋氨酸，因为它们是含硫氨基酸，并且主要来自植物来源[25]。然而，真菌脆壁克鲁维酵母（*Kluyveromyces fragilis*）在乳清上生长时有能力生产含硫氨基酸[39]。

从真菌获得的单细胞蛋白质除蛋白质外还可以提供其他营养。这些营养素包括主要来自维生素 B 复合物的各种维生素，如核黄素、烟酸、硫胺素、生物素、泛酸、胆碱、吡啶醇、谷胱甘肽、对氨基苯甲酸、链霉菌素和叶酸[40]。据报道，食用从镰孢霉（*Fusarium venenatum*）获得的菌蛋白后，胰岛素和血糖水平降低了[41]。而且，与藻类相比，真菌的核酸含量相对较高，范围为 7%~10%[25]。

芬兰建立了一种名为"Pekilo"的工艺，从真菌中获取单细胞蛋白来喂养动物。一种名为宛氏拟青霉（*Paecilomyces varioti*）的丝状真菌是在戊糖、木材水解物或亚硫酸盐废弃物等不同糖上培养的，然后通过发酵得到 SCP 作为最终产物[39]。

（3）微藻。微藻可以很容易地为人类和动物（牛、羊、猪、家禽和鱼类）生产富含蛋白质的饲料添加剂，并且在一些营养、消化和毒理学研究中已经评估了食品安全性[42]。每年已经生产了数千吨的藻类。小球藻（*Chlorella*）富含优质蛋白质、抗氧化剂、维生素、DNA、RNA、生长因子必需矿物质[43]。它们作为药物的来源也很有吸引力[44]。它们较高的生物利用度和消化率表明它们是满足水产养殖营养需求的宝贵饲料[45,46]。

藻类具有均衡的饲料成分。它们可以有高细胞密度的细胞生长量，以具有更高的脂质、类胡萝卜素和蛋白质含量[47-50]。与酵母和细菌相比，实现具有低成本效益的藻类，培养的主要问题是它们的生长缓慢且细胞产量较低。已发现封闭系统在提高细胞产量和控制饲料污染方面具有优势。高密度藻类培养物已通过在光生物反应器（PBR）中培养而获得[44]。通过优化照明技术，有效的气体和液体交换以及可控的养分供应，PBR 得到了改善[44]。以前，人们发现光强度、日长和养分浓度是调节浮游植物生长的重要因素[51]。为了降低养殖成本，可以使用自然阳光和温室来最大限度地减少藻类生长所需的人造光。在这样的培养过程中，辐照度和温度对生物质和粗蛋白质的生产率有很大的影响[52]。

在特斯科附近的一些墨西哥人和非洲人收获了一种名为螺旋藻（*Spirulina*）的藻类，干燥后用于人类饮食。在世界的不同地区，小球藻和其他生物的生物量也已被用作饲料来源。高蛋白含量、快速生长、简单栽培和良好利用太阳能是其主要优势，因此它们在全世界被广泛用作饲料原料[53]。小球藻也被认为是一种良好的抗氧化剂，可以通过将其添加在饮食中或者作为保健食品来保护身体免疫机制，它们还具有预防脂肪肝综合征的能力[54]。

4.1.2.2 单细胞蛋白优点

已经研究了几种酵母，如产朊假丝酵母（*Candida utilis*）、酿酒酵母（*Saccharomyces cerevisiae*）和马克斯克鲁维酵母（*Kluyveromyces marxianus*）[55,56]。酿酒酵母被发现是一种蛋白质含量较高的食品，Øverland 等[55]用 40% 的马克斯克鲁维酵母替代定量的鱼粉饲养鱼。对于虾，在日粮中使用了几种酿酒酵母产品（从 15%～24%，视产品而定）来代替鱼粉或豆粕（最多 24%），而对生长率没有影响[56-59]。已经成功地在大西洋鲑鱼（*Salmo salar*）上研究了几种基于甲烷营养菌的 SCP 膳食，鲑鱼饲喂的日粮中含有 36% 的 SCP（细菌蛋白粉），与对照日粮相比，具有更高的饲料利用率和生长速率，但营养物质的消化率却降低了。在另一项研究中，SCP 在鳟鱼（*Salmo playtcephalus*）日粮中可占日粮蛋白质的 38%，在鲑鱼日粮中占 52%，而对生长性能没有任何不利影响[60]。有趣的是，在豆粕日粮中使用 SCP，可以防止鲑鱼饲粮中浸提大豆粕（Solvent extracted soybean meal，SBM）诱发的鲑鱼肠炎的发生，这表明微生物蛋白产品还有更多益处[61]。在鲑鱼日粮中使用 SCP 代替鱼粉的比例最高为 55%[62]，而在鳟鱼日粮中使用的替代品为豆粕的比例最高为 10%[63]。在虾中，按比例使用两种细菌（1%）的混合物比对照可改善生长[64]。SCP 的使用率可高达 10%～20%[65]，SCP 能够完全替代虾粮中的鱼粉[66]。Dantas 等[67]在虾饲料中使用了高达 30% 的生物絮凝粉代替鱼粉。

SCP 的营养价值完全取决于其氨基酸、核酸、矿物质、酶和维生素的化学成分以及高蛋白含量，并且比其他动植物来源便宜[68]。据报道，假单胞菌属（*Pseudomonas*）的干细胞，在石油基液体石蜡上生长的蛋白质含量高达 69%。通过藻类加工获得的单细胞蛋白质约为 40%。Ferreira 等[69]指出，从微生物获得的蛋白质包含所有必需氨基酸，取决于所用底物的类型（碳源或氮源）以及在特定培养基上生长的微生物的类型。

微生物（如细菌和酵母）的繁殖时间非常短，因为它们仅需

5~15min 即可使种群数量翻一番。同时，藻类和霉菌物种会在 24h 内翻倍。来自细菌的 SCP 氨基酸特征与鱼蛋白非常相似。但是，酵母中的蛋白质类似于大豆蛋白[70]。另外，据报道 SCP 缺乏含硫氨基酸，如蛋氨酸和半胱氨酸，而赖氨酸和其他氨基酸含量高。因此，使用 SCP 作为饲料成分需要补充这两种氨基酸。微生物通常含有大量的维生素 B_{12}，据报道细菌和藻类分别具有较高的维生素 B_{12} 和维生素 A 含量。SCP 中最常见的维生素是核黄素、硫胺素、烟酸胆碱、叶酸、泛酸、生物素、对氨基苯甲酸、肌醇和 B_{12}[71]。

大多数微生物的繁殖速度非常快，繁殖后会产生大量生物质（藻类为 36h，细菌为 1~2h，酵母为 1~3h）[23]。与无法完全使用的大多数农作物和动物蛋白来源相比，这些微生物可以整体使用[72]。与不同的绿色植物和动物来源相比，由不同微生物产生的 SCP 具有较高的蛋白质含量（30%~70%）。此外，这些蛋白质具有出色的氨基酸特征，使其在营养上比常规蛋白质来源更有用[73]。

一些微生物在产生 SCP 的过程中会产生大量的维生素，宿主个体无法适当地产生这些维生素。与植物来源相比，SCP 的生产还需要较低的水分含量[74]。与植物蛋白来源不同，它不受环境和气候变化的影响，并且由于微生物昼夜不停地产生，因此可以全年生产[75]。

4.1.2.3 使用 SCP 的挑战

SCP 除了具有非常吸引人的特征外，还具有一些限制，不能包括在人类或动物的饮食中。主要的抗营养因子是高浓度的核酸，与其他常规蛋白质来源相比，SCP 中的核酸含量更高。这种高核酸含量会增强血清中的尿酸，最终导致形成肾结石。氮的大部分（70%~80%）以氨基酸形式存在，而其余的则以核酸形式存在，这是快速生长的微生物的关键特性。此外，它还由细胞壁组成，在单胃动物和鸟类的情况下，细胞壁是不易消化的。据进一步报道，微生物应在食用前失活，如果在杀死活性微生物之前使用未经加工的产品，则会增加皮肤和胃肠道感染的发生率，有时会导致恶心和呕吐。丝状真菌比酵母具有更高的生长速率，而且比其他任何微生物都有更高的污染风险。更多的 RNA 含量，污染和内毒素的风险是细菌最大的限制因素。

SCP 产生过程中使用的某些微生物可能产生某些有毒物质，如霉菌毒素、氰毒素。这可以通过选择适当的微生物进行处理来抵消。由于基质中存在的物质以及微生物产生的某些物质，最终产品有时会导致消化不良。除有毒物质外，当微生物在最终产品的加工和形成过程中发生突变时，还可能产生一些致癌物质，这些物质可能对人和家畜都具有毒性。此外，藻类不含毒素，但是，其生长速度非常慢或密度很低，如每升底物 12g。通过在 SCP 生产过程中仔细优化发酵方案，可以避免上述所有问题。此外，选择活动的微生物以及合适的底物也有助于抵消上述限制，并使 SCP 的使用受益。此外，还可以通过在加工过程中应用不同的物理和化学处理来去除抗营养因子——核酸[67]。

4.1.3 酵母氨氮同化现象

4.1.3.1 酵母氮代谢

氮是生物体的基本元素，是氨基酸、蛋白质和核酸的基本组成成分[14]。在营养物质的有效性中，氮元素已经被指出是主导或取代其他菌株的关键营养因子[15]。它对于微生物的生长以及发酵起着重要的作用，因此研究酵母的氮代谢具有重要的作用与意义[78,79,36]，图 4-1 对氮元素的部分代谢提供了说明。

氮源的种类也直接影响着酵母的氮代谢。与大多数微生物一样，酵母选择性地利用氮源，优先运输和利用良好的氮源，其次是较差的[80]。因此，氮源被分为首选氮源（氨酰胺、谷氨酰胺、谷氨酸）和非首选氮源（尿素、脯氨酸）[81]。当氮源以混合物提供时，含氮化合物在酵母的生长阶段被依次消耗。但是铵是一个例外，只有当其他 2 个首选氮源谷氨酰胺、谷氨酸消耗殆尽时，铵的消耗才开始[82]。当酵母在首选的氮源铵或谷氨酰胺上生长时，GS/GOGAT 途径起主要作用。相反，使用非首选的氮源脯氨酸则需要脯氨酸利用（Proline utilization，PUT）途径和 GS/GOGAT 途径的组合[83]。

GDH 和 GS/GOGAT 这 2 种途径在不同的酵母中表现不同。Holmes 等[84]在连续培养的白色念珠菌（*Canidia albicans*）中研究这 2 条氨同化途径，证明 GS/GOGAT 途径是这些酵母氨同化的主要途径。Awendano 等[85]和 Sieg 等[83]通过构建酵母突变体，得出当以氨为唯一氮源时，GS/GOGAT 途径主要负责谷氨酸的产生，证明 GS/GOGAT 途径在酵母中氨同化的重要性。之后 Folch 等[86]通过构建不含生物合成的 NADP-GDH 或 GOGAT 的酵母突变体。与野生型相比，那些在 NADP-GDH 中受损的菌株，当它们以铵为唯一氮源生长时，表现出较慢的生长速度；GOGAT 受损的菌株无论在高铵或低铵上，没有表现出变化。研究表明在酿酒酵母中，GDH 途径在谷氨酸生物合成中起着重要的角色。

4.1.3.2 酵母氨氮同化机理

微生物除了硝化作用和反硝化作用，还有同化作用，用于生物体所需的氨基酸等物质。铵离子（NH_4^+）是许多生物系统中氮的同化中的关键化合物，以无机形式的氮并入碳骨架。环境中存在的铵可以被许多细菌、酵母、真菌、藻类和植物吸收[87-89]。酵母完成氨同化过程中需要两步完成[90]：①NH_4^+通过转运蛋白进入酵母细胞内；②氨进入相应的代谢途径与其他通过转运蛋白进行同化作用[91]。Schure 等[92]研究证明酿酒酵母的氨氮同化主要途径如图 4-2 所示。

主要有 2 条途径：①谷氨酸脱氢酶（Glutamate dehydrogenase，GDH）途径，首先位于酵母线粒体内膜的三种转运蛋白 Odc1p，Odc2p 和 Yhm2p 把 α-酮戊二酸转移到细胞质中[36,80,83]，然后在 GDH 参与下与 NH_4^+ 生成谷氨酸（Glu），Glu 可与另一分子的 α-酮戊二酸反应合成谷氨酰胺（Gln）。形成的 Glu 和 Gln 分别占细胞总

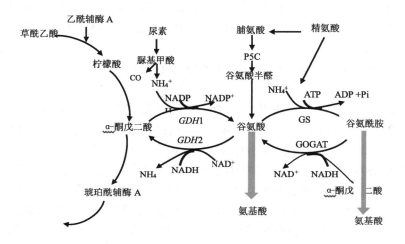

图 4-1 酵母氮代谢相关途径[83]

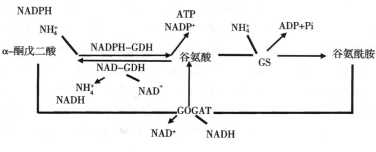

图 4-2 氨同化途径

氮的 85% 和 15%[36,93]。在酿酒酵母基因组含有 3 个编码具有不同功能作用酶的 GDH 基因。其中 2 个基因 *GDH*1 和 *GDH*3 编码 NADP-GDH，它们催化 α-酮戊二酸还原氨化形成谷氨酸，而另一个基因 *GDH*2 编码催化反向反应的 NAD+ 依赖性谷氨酸脱氢酶

（NAD-GDH）[94]。尽管 *GDH*1 和 *GDH*2 均催化谷氨酸的形成，但 Gdh1p 在所有条件下都是优选的生物合成酶[81]。第三个 GDH 基因 *GDH*2 在氮代谢中起着同样重要的作用，它已被证明是酿酒酵母中氨生成的主要来源[94]。②谷氨酰胺合成酶-谷氨酸合成酶（Glutamine synthetase - glutamate synthase，GS/GOGAT）途径，首先 GOGAT 催化 NH_4^+ 和谷氨酸生成谷氨酰胺，进而 GS 催化谷氨酰胺与 α-酮戊二酸生成谷氨酸[36,82,84]，最终，这一系列反应生成 2 个谷氨酸分子[35,36]。

4.1.4 固态发酵研究进展

由于苜蓿具有很高的营养质量，产量和适应性，因此它是世界上种植最多的牧草豆科植物，在全球 3 000万 hm^2 的土地上种植了约 4.5 亿 t，主要分布在美国（30%）和欧洲（25%）和阿根廷（23%）[95-96]。苜蓿是畜牧业和奶业中蛋白质的主要来源，主要用于干草和青贮饲料，新鲜用于放牧，或脱水成粗粉或颗粒状。在饲草豆科植物中，苜蓿因其蛋白质和矿物质含量高而被认为是优质牧草[97]。在动物饲料中添加苜蓿可以提高养分吸收效率和动物的生产力[98]，Shi 等[99]研究在动物的饮食中加入适量的苜蓿草粉可以提高生长性能并减少生理压力。然而，Thacker 和 Hao[100]报道，随着猪日粮中苜蓿草粉纤维含量的增加，采食量减少，可以通过调节动物日粮中苜蓿的补充水平或者通过发酵降解纤维并改善苜蓿粉的适口性。

固态发酵（Solid state fermentation，SSF）是一种可用于改善这些替代蛋白质来源营养品质的有前途的方法。固态发酵是一种生物加工技术，早在食品行业和发酵就开始应用，用于制作馒头、面包、酿酒、酱油和奶制品等[101-103]。从 20 世纪和近代来看，SSF 的应用已经导致了重要的生物化学和增值产品的生产，如氨基酸、酶、有机酸、抗生素（药物）、纺织品和生物燃料等[104-107]。已有许多农业、工业副产品的 SSF 用于动物饲养试验[108,109]。多年来，发酵饲料产品的使用一直是养猪生产中的有用策略和常规做法[110]。研究发现，在日粮中添加固态发酵饲料对生长肥育猪的生产性能和养分消化率没有任何负面影响[111]。有趣的是，由于提高了生产性能和肠道健康的益处，将固态发酵饲料纳入肉鸡日粮的兴趣日益增加[112,113]。多位研究人员已经评估了替代蛋白质来源的营养特征，主要目的是评估其在家禽日粮中的用途。Michaela 等[114]在蛋鸡的日粮饮食中添加固态发酵的脱水苜蓿，提高了蛋鸡的采食量与饲料转化率，改善了蛋黄颜色，提高了蛋黄中其他类胡萝卜素、叶黄素和 β-胡萝卜素的浓度，并提高了新鲜鸡蛋的氧化稳定性；Chen 等[115]用枯草芽孢杆菌（*Bacillus licheniformis*）用固态发酵苜蓿粉代替大豆粉对鹅生长性能提高，提高了血清抗氧化剂，改善了消化酶活性以及盲肠菌群的影响；Teng 等[116]用解淀粉芽孢杆菌（*B. amyloliquefaciens*）和酿酒酵母 SSF 麦麸降解了 NDF、ADF 和总膳食纤维，所有发酵的麦麸处理均具有降低肉鸡血清胆固醇的趋势。Anwar 等[117]在鲤鱼（*Cyprinus carpio*）日粮中用白羽扇豆（*Lupinus albus*）粕部分替代大豆浓缩蛋白，提高了其生长性能和饲料利用率，改善肠道形态来逆转鲤鱼日粮中植物蛋白负面影响的潜力。Hassaan 等[118]用酿酒酵母 SSF 豆粕后使其的蛋白质含量增加了 13.65%，水解的氨基酸总量增加了 16.27%，并减少了植酸和曲霉毒素，饲喂尼罗罗非鱼（*Oreochromis niloticus*）不会对生长性能，养分消化率和生理状况产生任何不利影响。

　　SSF 是两种主要的发酵技术之一，另一种是深层发酵[119]。SSF 的过程涉及在没有游离水的情况下，在受控条件下在固体材料上生长的微生物。所需的水分在固体基质中处于吸收状态[120-122]，但是，底物必须具有足够的水分，以增强微生物的生长和代谢活性。固态发酵产品的质量取决于条件，例如初始湿度、粒径、pH 值、温度、培养基组成、操作系统、混合、灭菌、水分活度、接种密度、搅拌、通气、产品提取和下游过程[123]。

在设计有效的 SSF 系统时，需要适当选择这些条件并仔细优化，以获得良好的产量[124]。

SSF 中使用了多种微生物。由于所需要的水分很少，只有少数微生物，如酵母和丝状真菌可以在 SSF 条件下良好生长[125]。尽管有迹象表明某些细菌菌株已成功用于生产 SSF 的生物产品[126,127]。正如已经建议的那样，SSF 的潜力是为选定的微生物提供与其自然栖息地相似的合适环境[107]。在这种模拟条件下，微生物可以通过产生多种酶来修饰底物的化学或物理化学特性，并降解底物。

除酶外，还产生代谢产物，如有机酸。黑曲霉、米曲霉和乳杆菌菌株分别可以分泌柠檬酸、草酸和乳酸[126]。如前所述，高度优选使用农用工业副产物或残留物作为 SSF 中的原料。它们在高价值动物饲料的生产中起着至关重要的作用，因为：①来源丰富。②人与牲畜之间的竞争力较低。③易于以最低的成本进行进一步加工。④具有合适的营养成分。⑤并且在 SSF 期间可以帮助微生物的发育[108]。这些副产品的价值得到了提高，它们充当了物质支持，并为微生物的生长和酶的生产提供了碳和营养的来源[129]。另一方面，它们的使用有利于固体废物的管理，因为它们丰富且大多未得到充分利用[127]。

与淹没式发酵相比，SSF 的显著优势包括使用最少的水分，低成本的介质，更好的氧气循环，降低了投资成本，提高了生产率，降低了能源消耗，产生的废水少并且在下游处理方面的工作更少[127,130]。由于涉及的技术含量低，因此可以在农场进行。另外，所产生的酶对底物的抑制问题较不敏感，并且在温度和 pH 的影响方面更稳定[131]。但 SSF 也有其不足之处，即难以规模化、热量积聚、工艺参数（水分、温度、营养成分等）难以控制、产品杂质较高[132]。

SSF 是微生物发酵的一种重要形式，已广泛用于食品生产中。在 SSF 中微生物产生的酶以及内源酶对饲料的结构，生物学活性和生物利用度都有很大的影响[132,133]。酿酒酵母在木薯叶发酵中，改善了膳食纤维并提高了蛋白质含量和抗氧化能力[134]。在公牛的日粮中添加酿酒酵母可以改善饲料的降解率或有效降解性[135]。酿酒酵母 SSF 豆渣，可以改善豆渣的营养特性以及风味[136,137]。酵母菌固态发酵马铃薯皮，提高了它的蛋白质含量[138]。酿酒酵母 SSF 玉米秸秆，降低它的纤维素、半纤维素和木质素含量，提高了蛋白质含量[139]。

4.1.5 研究目的与研究内容

4.1.5.1 研究目的与意义

随着我国畜牧业和养殖业的快速发展，蛋白质饲料短缺已成为制约我国畜牧业高质量发展的关键因素。在饲草豆科植物中，苜蓿因在加工过程会造成一部分真蛋白降解为非蛋白氮，氨态氮含量增多。SCP 已普遍的应用在动物饲料中，但对于非蛋白的转化研究较少。本研究通过筛选出高氨氮利用率的酵母，并探讨酵母氨同化途径及相关酶活性的研究，为酵母提高氮素利用率提供关键的科学依据。为酵母菌发酵生产单细胞蛋白提供优良菌种和实验参考，也为其他菌类氨同化机理打下基础。

4.1.5.2 研究内容

（1）从土壤、奶制品、水果等筛选出能高效利用氨态氮的酵母。

（2）从前期筛选出来的菌株为对象，研究酵母氨同化途径相关酶活性特征。

（3）将酵母添加到苜蓿粉进行固态发酵测定其对苜蓿粉营养特性以及微生物组成的影响。

4.1.5.3　技术路线

技术路线如图 4-3 所示。

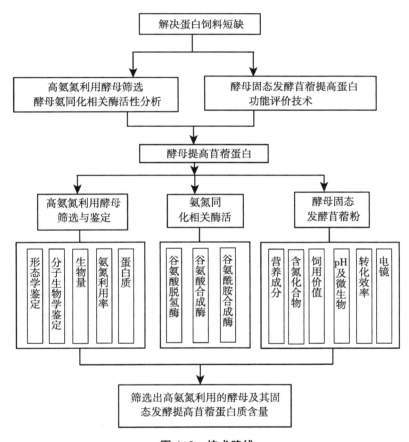

图 4-3　技术路线

4.2 高氨氮利用酵母的筛选及鉴定

4.2.1 试验材料与仪器

4.2.1.1 试验材料

样品来源：2019 年 5 月从山西农业大学 8 号楼海棠果树下采集土壤 500g，从市场购买的奶酪（内蒙古华琳食品有限责任公司）、奶豆腐（内蒙古锡林郭勒盟正蓝旗特产）、酸奶（内蒙古伊利实业集团股份有限公司），从山西省晋中市太谷区佳佳利商场购买新鲜水果。

4.2.1.2 试验试剂

酵母浸出粉、葡萄糖、磷酸氢二钾、硫酸镁、孟加拉红、氯霉素、硫酸铵、硫酸亚铁、琼脂、美兰、碘片、碘化钾、酒精、戊二醛、四氧化锇、牛血清蛋白、考马斯亮蓝 G-250、乙醇、磷酸、硫酸铵、苯酚、亚硝基铁氰化钠、次氯酸钠。

4.2.1.3 试验仪器

扫描电子显微镜，日本电子株式会社；高速冷冻离心机，赛默飞世尔科技公司；光学数码显微镜，南京江南永新光学有限公司；超净工作台，苏州苏洁净化设备有限公司。

4.2.1.4 培养基及其配制方法

孟加拉红培养基（g/L）：葡萄糖 10.0，蛋白胨 5.0，$MgSO_4$ 0.5，K_2HPO_4 1.0，孟加拉红 0.03，琼脂 15.0，孟氯霉素 0.1。

酵母浸出粉胨葡萄糖琼脂培养基（YPD）（g/L）：酵母浸出粉 5.0，胨 10.0，葡萄糖 20.0，琼脂 14.0。

硫酸铵为唯一氮源固体培养基（g/L）：NH_4SO_4 2.0，葡萄糖 5.0，K_2HPO_4 1.0，$MgSO_4$ 0.5，$FeSO_4$ 0.01，$NaCl$ 0.5，琼脂 15.0（液体培养基去掉琼脂）。

4.2.2 试验方法

4.2.2.1 酵母初选纯化

将水果、土样、奶制品分别称取 10g，放置在锥形瓶中，加入 90mL 灭菌水，进行密封处理，经过反复振荡使其充分混匀，静置一晚后使用滤纸过滤后将留下液体装到另一个锥形瓶之中，然后进行梯度稀释，实验中注意在每次递增稀释时，都需要将移液枪的枪头进行更换处理。将经过稀释处理过的稀释液用移液枪吸取 50μL 于提前制备好的 YPD 培养基中进行涂布。培养基采用的是高压湿热灭菌法，在立式压力蒸汽灭菌锅中在 115℃ 的高温下进行灭菌处理，时间 30min，在无菌超净台将稀释液用涂布棒均匀涂布在平板上，操作完成后在 28℃ 条件下，避光倒置培养 2d，平行 3 个重复。

随后挑取单个菌落到 YPD 培养基上进行画线分离、纯化处理，在恒温 28℃ 环境中倒置培养，时间为 2d，重复 3 次这样的操作后即得到纯种的菌落。

4.2.2.2 酵母唯一氮源初筛

纯化培养后，选取单菌落接种于配制的硫酸铵为唯一氮源的固体培养基中，28℃ 避光倒置培养 5d，观察是否有菌落生长以及菌落的大小，筛选出菌落大的菌株作为初代菌种。将初筛的菌种用液体石蜡保存于 4℃ 冰箱。

4.2.2.3 高氨氮利用酵母复筛

将初次筛选出来的菌株从 4℃ 冰箱中取出，进行活化，将活化的菌株接种在 YPD 液体培养基中进行复壮制成菌液，取 2.5mL 菌液到装有 50mL 配制的以硫酸铵为唯一氮源的养基的锥形瓶中，放置摇床，在 28℃，120r/min 条件下培养 5d，取出后放置实验室 4℃ 冰箱保存，用于测定菌体干重[140]、蛋白质含量[141] 以及氨氮含量[142]。

菌体干重的测定：在冰箱中的发酵液取出，在漩涡振荡器上混匀，用移液枪吸取 2mL 发酵菌液置于离心管内，在 4℃，

4 000r/min条件下离心10min后得到的沉淀洗涤3次，置于恒温干燥箱中，80℃烘至恒重，称量并计算。

蛋白质的测定：将在冰箱中的发酵液取出，在漩涡振荡器上混匀，用移液枪吸取2mL发酵菌液置于离心管中，在4℃，4 000r/min条件下离心10min后，弃上清液，沉淀的菌体加入2~4体积的提取液静置提取1h，然后在4℃，12 000r/min高速离心20min，提取上清液测蛋白质含量。

氨氮含量的测定：采用苯酚-次氯酸盐法[142]测定。方法：在冰箱中的发酵液取出，在漩涡振荡器上混匀，用移液枪吸取2mL发酵菌液置于离心管中，在4℃，4 000r/min条件下离心10min后，提取上清液测定氨氮含量。

4.2.2.4 酵母的形态学及分子生物学鉴定

形态学鉴定：①菌落形态。将筛选出的酵母在YPD固体培养基上进行平板划线，在28℃培养箱中恒温培养72h，观察培养基中菌落的大小、颜色、表面是否光滑、质地状况以及边缘的形状等。②显微形态。在无菌超净台中将接种环灼烧，灭菌后挑取单菌落于载玻片的中央，用美兰进行染色，盖上盖玻片，用显微镜观察酵母形态。

分子生物学鉴定：对所筛选的酵母接种在YPD固体斜面培养基中，在检测机构进行检测，测定方法如下。

用Omega酵母基因组DNA抽提试剂盒，提取菌株的总DNA，然后用NL1和NL4引物PCR扩增酵母的特异性DNA片段。引物序列如下。

NL1：（5′-CCGTAGGTGAACCTGCGG-3′）

NL4：（5′-CCGTAGGTGAACCTGCGG-3′）

将进行检测之后菌株的26S rDNA序列上传到NCBI中的数据库来进行比对，运用BLAST程序包针对其序列相似性来进行比较，最终确定其最可能的品种种名。将我们经过鉴定后得出来的菌株序列和模式菌株序列导入到MEGA7.0软件来进行系统的发育分析

（Phylogenetic analysis），然后运用邻接法来（Neighbor－joining method）构建出其系统发育树[35]。

4.2.2.5   生长曲线分析

配制 YPD 液体培养基，首先在 121℃ 高温环境中进行灭菌处理 15min，在无菌操作台上将其分装于 50mL 三角瓶中，待冷却后，将筛选出来的 3 株酵母菌株分别接种于锥形瓶中，密封后在 120r/min，28℃ 培养 48h，每隔 2h 取样测定其 OD 值，波长为 600nm，将没有接种菌落的培养基来作为本实验的对照组，测定完成后取 3 组平行试验所得结果，用来计算平均值，然后以时间为横坐标，OD 值为纵坐标绘制其生长速率曲线。

4.2.2.6   扫描电镜分析

将酵母菌株经过筛选鉴定后用 YPD 肉汤培养基在 120r/min，28℃ 的条件下进行发酵培养 24~48h。用移液枪将 2mL 发酵菌液吸取出来加入经过无菌的离心管之中，在 4℃ 温度条件下，8 000r/min 下进行离心处理，时间为 10min，然后将上层的培养基液体分出弃去，随后加入 pH 值为 7.2 的磷酸缓冲溶液，用移液枪进行吹散洗涤处理，待沉淀后在相同的条件下再次进行离心处理，重复以上操作 3 次以后将上清液弃去，加入 2.5% 的戊二醛打散均匀，放置于 4℃ 冰箱中固定 24h 备用。

将固定后留作备用的菌悬液在温度 4℃，8 000r/min 的条件下进行离心处理时间为 3min，倒掉上清液，再次加入 pH 值为 7.2 的 PBS 洗涤 3 次，每次洗涤的过程都要有加液，吹散的步骤，做离心处理所用到的总体时间不可以超过 8min。随后在使用乙醇（30%、50%、70%、80%、90% 和 100%）进行脱水处理，高浓度的乙醇（100%）脱水两次，其余浓度的各一次。在处理之后都要重悬酵母，在漩涡振荡器上将其混合均匀，每次都要进行加液，吹散处理，做离心处理所用到的总体时间不可以超过 8min。使用乙醇梯度脱水离心处理之后，用叔丁醇（Tert-Butanol）再洗脱两次，做离心处理将上清液弃去，再加入约 200μL 的叔丁醇进行溶解，溶解后吸取约 700μL 移取至直径为 1cm 的观察皿之内，观察皿应预先浸入 1mL 的 HCL 溶液中 12h，然后将观察皿用无水乙醇洗涤并用超声波处理 30min，烘干留作备用。将处理好的样品放入温度为 4℃的冰箱中冷凝大约 10min 左右，取出放置在真空抽气泵之中，等干燥冷凝过一夜之后再使用。上面所述步骤均在山西农业大学实验教学中心扫描电镜观察样品处理室进行操作，处理好的样品送至扫描电镜观察室进行分析观察。

4.2.2.7 数据处理

在 Excel 中对测试数据进行整理，使用 SPSS 24.0 进行单因素方差分析（ANOVA），并使用 Duncan 的方法进行多重比较分析，其中 $P<0.05$ 为确定显著差异的标准。

4.2.3 结果分析

4.2.3.1 高氨氮利用酵母的初筛

从采集样品分离出较多的酵母单菌落，挑选出单菌落形态差异较大的酵母在 YPD 培养基纯化，得到了 13 株酵母，将这 13 株酵母接种在以硫酸铵为唯一氮源的培养基上进行初筛，菌落大小如表 4-1 所示，其中除了汉逊酵母属（*Hanseniaspora pseudoguilliermondii*）GBL3 不能长出菌落，其他酵母均能良好长出，拜氏（拜耳）接合酵母（*Zygosaccharomyces parabailii*）N4、胶红酵母（*Rhodotorula mucilaginosa*）N5、出芽短梗霉（*Aureobasidium pullulans*）N7、2 株戴尔有孢圆酵母（*Torulaspora delbrueckii*）G1 和 GBL1、酿酒酵母（*Saccharomyces cerevisiae*）J1、斯高特白冬酵母（*Leucosporidium scottii*）T1、库德里阿兹威毕赤酵母（*Pichia kudriavzevii*）GBL2，这 8 株酵母的菌落直径大于 2mm。

表 4-1 菌种初筛情况

菌株来源	编号	中文名	学名	菌落
奶豆腐	N1	发酵毕赤酵母	*Pichia fermentans*	+

菌株来源	编号	中文名	学名	菌落
奶豆腐	N2	马克斯克鲁维母	*Kluyveromyces marxianus*	+
奶豆腐	N3	发酵毕赤酵母	*Pichia fermentans*	+
奶豆腐	N4	拜氏（拜耳）接合酵母	*Zygosaccharomyces parabailii*	++
奶酪	N5	胶红酵母	*Rhodotorula mucilaginosa*	++
奶酪	N6	斯高特白冬酵母	*Leucosporidium scottii*	+
奶酪	N7	出芽短梗霉	*Aureobasidium pullulans*	++
西瓜	G1	戴尔有孢圆酵母	*Torulaspora delbrueckii*	++
西瓜	J1	酿酒酵母	*Saccharomyces cerevisiae*	++
海棠土	T1	斯高特白冬酵母	*Leucosporidium scottii*	++
菠萝	GBL1	戴尔有孢圆酵母	*Torulaspora delbrueckii*	++
菠萝	GBL2	库德里阿兹威毕赤酵母	*Pichia kudriavzevii*	++
菠萝	GBL3	汉逊酵母属	*Hanseniaspora pseudoguilliermondii*	−

注：+，出现菌落；++，菌落平均直径超过2mm；−，无菌落出现。

4.2.3.2 高氨氮利用酵母的复筛

将初筛后的酵母进行复筛，结果见表4-2。戴尔有孢圆酵母（*Torulaspora delbrueckii*）GBL1的菌体干重最多达到1.19mg/mL，胶红酵母（*Rhodotorula mucilaginosa*）N5的氨氮利用率最多达到88.44%，胶红酵母（*Rhodotorula mucilaginosa*）N5、酿酒酵母（*Saccharomyces cerevisiae*）J1、戴尔有孢圆酵母（*Torulaspora delbrueckii*）GBL1的蛋白质含量在50%以上，其中酿酒酵母（*Saccharomyces cerevisiae*）J1的蛋白质含量最高，达到62.22%。

表4-2 菌种复筛情况

编号	菌体干重（mg/mL）	蛋白质含量（%）	氨氮利用率（%）
N4	1.10	37.27	44.16

（续表）

编号	菌体干重（mg/mL）	蛋白质含量（%）	氨氮利用率（%）
N5	0.75	54.67	88.44
N7	0.85	49.09	31.57
G1	0.69	59.86	24.68
J1	0.65	62.22	45.93
T1	1.05	38.44	27.03
GBL1	1.19	34.58	35.35
GBL2	0.84	49.06	27.51

4.2.3.3 酵母的形态学及分子生物学鉴定

观察 YPD 琼脂上这 3 株酵母菌株 N5、J1 和 GBL1 的菌落形态。N5：菌落呈圆形，球形凸起，橙黄色，表面光滑，黄油状，边缘整齐；J1：菌落呈圆形，球形凸起，奶白色，表面光滑，乳脂状，边缘整齐；GBL1：菌落呈圆形，乳白色，球形凸起，表面光滑，不透明，乳脂状，边缘不整齐（图 4-4）。通过显微镜观察这 3 株菌株都是出芽生殖，N5、J1 都是椭圆形，GBL1 呈短棒状还有菌丝（图 4-5）。

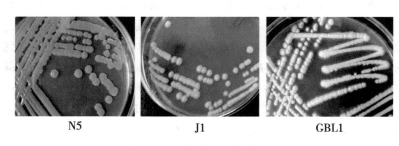

N5　　　　　J1　　　　　GBL1

图 4-4　3 株酵母的菌落形态

4.2.3.4 氨氮利用酵母亲缘分析

将筛选出来的 N5、J1、GBL1 这 3 株酵母菌株分别进行亲缘关

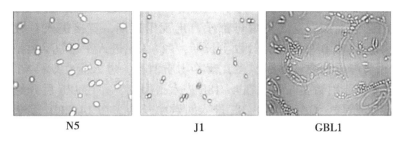

图 4-5　3 株酵母菌形态学鉴定结果（1 000×）

系分析，并且构建出系统发育树（图 4-6）。在这 3 株酵母菌株中，N5 是胶红酵母（*Rhodotorula mucilaginosa*），J1 是酿酒酵母（*Saccharomyces cerevisiae*），GBL1 是戴尔有孢圆酵母（*Torulaspora delbrueckii*）。将 N5、J1、GBL1 这 3 株酵母菌中所获序列提交至 GenBank 上，获得登录号分别为 MT550663、MT550662、MT550664。

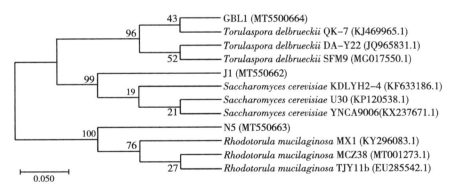

图 4-6　3 株酵母系统发育树

4.2.3.5　氨氮利用酵母生长曲线

大多数酵母的生长规律包括 4 个时期：对数生长期（Logarithmic phase）、延迟期（Lag phase）、稳定期（Stationary phase）、衰亡期（Decline phase）。不同种类的酵母其各个时期的时间也不同。本研究通过对酿酒酵母 J1，胶红酵母 N5，戴尔有孢圆酵母GBL1在YPD液体培养基培养48h，对这3株酵母的OD$_{600}$进行连续监测。这3株酵母都没有出现延迟期，直接进入对数生长期。J1在0~12h，为对数生长期，12~32h进入平稳期，32h之后因为酵母的数量逐渐增多，营养物质消耗，进入衰亡期；N5在0~4h处于对数生长期，在4~18h进入平稳期，并在18h后开始进入衰亡阶段。GBL1在0~8h进入对数生长期，在14~32h逐渐进入平稳期，并在32h后进入衰退期。其中，酿酒酵母J1的对数生长期最长，胶红酵母N5时间最短，胶红酵母N5在18h就开始进入衰亡期，酿酒酵母J1和戴尔有孢圆酵母GBL1在32h才进入衰亡期。

4.2.3.6　扫描电镜

　　将筛选的酿酒酵母J1，胶红酵母N5，戴尔有孢圆酵母GBL1这3株高氨氮利用能力酵母进行扫描电子显微镜观察。结果如图4-7，酿酒酵母J1的菌体呈球状或者橄榄状，菌体的表面光滑没有皱缩，生殖方式为多端出芽，菌体长度大约在5μm；胶红酵母N5的菌体呈球形或者椭球形，表面皱缩，生殖方式为一端出芽，菌体长度大约在4μm；戴尔有孢圆酵母GBL1的菌体形态为短棒状，菌体表面光滑无皱缩，生殖方式为多端出芽，菌体长度大约为6μm。

图4-7　高氨氮利用酵母菌扫描电镜图

注：J1：酿酒酵母；N5：胶红酵母；GBL1：戴尔有孢圆酵母；下图同。

4.2.4　讨论

　　本研究从土壤、酸奶、奶酪和水果中分别筛选出了13株酵母，分别有 2 株发酵毕赤酵母（*Pichia fermentans*）N1，1 株马克斯克鲁维酵母（*Kluyveromyces marxianus*）N2，1 株拜氏（拜耳）接合酵母（*Zygosaccharomyces parabailii*）N4，1 株胶红酵母（*Rhodotorula mucilaginosa*）N5，1 株斯高特白冬酵母（*Leucosporidium scottii*）T1，1 株出芽短梗霉（*Aureobasidium pullulans*）N7，2 株戴尔有孢圆酵母（*Torulaspora delbrueckii*）G1 和 GBL1，1 株酿酒酵母（*Saccharomyces cerevisiae*）J1，1 株库德里阿兹威毕赤酵母（*Pichia kudriavzevii*）GBL2，1 株汉逊酵母属（*Hanseniaspora pseudoguilliermondii*）GBL3，复筛得到酿酒酵母 J1，胶红酵母 N5，戴尔有孢圆酵母 GBL1。

酿酒酵母因其蛋白质和微量营养素含量高而被用作饲料添加剂，细胞壁含有 β-葡聚糖和甘露聚糖重要的营养成分，其中 β-葡聚糖，可以增强巨噬细胞和噬中性粒细胞的迁移和吞噬，减少肠道炎症反应和增强动物抵抗力，保护经大肠杆菌攻毒的仔猪的小肠，增强虾、贝类的免疫功能。甘露聚糖，能促进有益菌的繁殖，从而竞争性抑制有害菌的定植。酿酒酵母已用于反刍动物，以提高低质量牧草的营养价值、营养物质消化率和动物尸体特征。酵母具有通过提供微生物生长和活性所需的重要营养素和营养辅助因子以及增强瘤胃中真菌定植来操纵瘤胃发酵的能力。

胶红酵母属于红酵母属（*Rhodotorula*）的一类真核微生物。里面富含有天然的虾青素，分子式为 $C_{40}H_{52}O_4$，天然虾青素对单线态氧的淬灭速率能达到维生素 E 的 80 倍，抑制脂质过氧化的能力是 β-胡萝卜素的 10 倍、维生素 E 的 100 倍，具有抗氧化、防晒护肤、抗衰老、抗肿瘤、预防心脑血管疾病等功能。虾青素也能增强水产动物、禽类免疫力和繁殖功能，作为食品着色剂，使人工养殖的鲑鱼、鳟鱼具有与野生鱼一样鲜艳的红色且能提高肉的品质和口感，还能使鸡蛋黄变成橙红色，增强其营养及保健作用。因此，虾青素被广泛添加在功能食品、水产动物饲料中，市场供不应求。

戴尔有孢圆酵母在饲料研究还较少，主要用于发酵酒上，能产生更高浓度的高级醇、酯类、萜烯和酚醛以及其他物质如2-苯乙醇、芳樟醇、甲基香草醛，给葡萄酒带来独特的花香和果香，增加感官复杂性，产生自然发酵的效果。与酿酒酵母相比，戴尔有孢圆酵母通常表现出耐高渗透压，对氮和氧的需求较高，产生较低的挥发性酸、乙醛和乙偶姻，低/中等产量的甘油、琥珀酸、多糖、挥发性硫（3-巯基-1-己醇，有百香果、葡萄柚和柑橘香气）和其他化合物。

　　酵母自身拥有可以将无机氮转化成为有机氮的同化能力。Eelko等[143]把酿酒酵母在以硫酸铵作为唯一氮源培养基中进行发酵，在增加氨氮浓度的同时，它的生物量也得到了提高。Minkevich等[144]在把氯化铵作为唯一氮源的培养基中接种上产朊假丝酵母（Candida utilis）来进行发酵处理，100h之后氨氮浓度有所减少，而其中的生物量提高。在本次研究中，分别从土壤、奶制品以及水果中筛选出来13株酵母，其中有1株酵母无法在以硫酸铵作为唯一氮源的培养基中生存。通过菌落的大小进行初次筛选，筛选出4株酵母再进行复筛，随后再将这8株菌发酵5d之后通过测量菌体的干重，蛋白质含量以及氨氮的利用率筛选得出3株高氨氮利用酵母。其中，测得GBL1菌体干重最高，为1.19mg/mL；J1的蛋白质含量最高，数值达到62.22；N5的氨氮利用率最高，数值达到88.44%，其次是J1的氨氮利用率为45.93%。最后我们对这3株酵母进行菌落和形态上的观察，通过分子生物学比对鉴定出N5是胶红酵母，J1是酿酒酵母，GBL1是戴尔有孢圆酵母。马霞飞等[145]从多株酵母筛选出2株非蛋白氮利用能力较强的菌株的酿酒酵母，这2株酵母中的蛋白质含量可以达到37.41%和39.77%。曾德霞[146]以氨基酸废液作为氮源，对氨基酸废液中的氨氮进行转化，筛选出酿酒酵母，其中氨氮的转化率为28.1%，粗蛋白质的含量为12.89%。曹玉飞[147]将硫酸铵作为唯一氮源的培养基，从多株酵母菌筛选得出1株氨氮利用率为80.7%的产朊假丝酵母，筛选出来的酿酒酵母测得的氨氮同化率是1.53%~70.9%。在我们本次研究中筛选出的酿酒酵母的蛋白质含量高于他们的研究结果，氨氮利用率也高于曾德霞所做的研究结果，与曹玉飞的研究相符。胶红酵母的氨氮利用率也高于他们的研究结果。

4.2.5 小结

从土壤、酸奶、奶酪和水果中分别筛选出了 13 株酵母菌株。以硫酸铵为唯一氮源进行初筛，结合氨氮利用率、蛋白质含量、菌体干重高进行复筛，筛选出酿酒酵母 J1，胶红酵母 N5，戴尔有孢圆酵母 GBL1 这 3 株高氨氮利用能力酵母，其中 J1 蛋白质含量最高达到 62.22%，N5 的蛋白质含量为 54.67%，N5 的氨氮利用率最高达到 88.44%，其次是 J1 氨氮利用率为 45.93%，GBL1 的菌体干重最高达到 1.19mg/mL，且使用光学显微镜和扫描电子显微镜分别对其形态进行了观察。筛选鉴定出的酿酒酵母 J1、胶红酵母 N5、戴尔有孢圆酵母 GBL1 具有较高的氨氮利用能力和生长性能，表明这 3 株酵母在提高饲料蛋白具有一定的理论依据和实际价值。

4.3 酵母氨同化机理研究

4.3.1 试验材料与仪器

4.3.1.1 试验材料

硫酸铵、苯酚、亚硝基铁氰化钠、无氨水、氢氧化钠、次氯酸钠。

4.3.1.2 试验仪器

高速冷冻离心机，赛默飞世尔科技公司；电热恒温鼓风干燥箱，上海齐欣科学仪器有限公司；恒温培养箱，宁波江南仪器厂；立式压力蒸汽灭菌器，江阴滨江医疗设备有限公司。

4.3.2　试验方法

4.3.2.1　NH$_4^+$含量的测定

将筛选出来的菌株从4℃冰箱中取出，进行活化，将活化的菌株接种在YPD液体培养基中进行复壮制成菌液，取2.5mL菌液到装有50mL配制的以硫酸铵为唯一氮源的养基的锥形瓶中，放置摇床，在28℃，120r/min条件下培养5d，取出后放置实验室4℃冰箱保存，用于测定菌体干重[140]、蛋白质含量[141]以及氨氮含量[142]

将筛选的3株酵母菌株在以硫酸铵为唯一氮源的养基的锥形瓶中，放置摇床，在28℃，120r/min条件下培养1d、2d、3d、4d、5d，同时设置3个平行，每天取一次，放置实验室4℃冰箱保存，备用。

取2mL酵母发酵培养液于离心管中，在4 000r/min，离心10min，取上清液作为待测样品，采用苯酚-次氯酸盐法测定[142]其氨氮含量。

取9个试管进行编号，分别加入氨标准使用液0mL、1.0mL、2.0mL、3.0mL、4.0mL、5.0mL、7.0mL、8.0mL，然后加去离子水至8.0mL，摇匀后，放置在37℃水浴锅中10min，取出分别加入5.0mL试剂A，5.0mL试剂B，摇匀，放置在37℃水浴锅中35min，取出后立刻冷却至室温。625nm处以蒸馏水调零，读取各试管浓度梯度吸光值，以氨氮浓度（X）为横坐标轴，吸光度OD值（Y）为纵坐标轴，建立标准曲线。

4.3.2.2　谷氨酸脱氢酶的测定

粗酶液提取：取2mL离心管加入J1、N5、GBL1这3株酵母发酵的培养液，离心后吸取上清液，取出提取液加入1.5mL，用超声波对酵母进行破碎处理，完成后在12 000r/min的条件下进行离心处理，时间为10min，然后吸取上清液，放置在冰上备用，等待检测[148-149]。

GDH是一种线粒体酶，位于酵母线粒体内膜的3种转运蛋白

把 α-酮戊二酸转移到细胞质中，然后在 GDH 参与下与 NH_4^+ 生成谷氨酸（Glu），Glu 可与另一分子的 α-酮戊二酸反应合成谷氨酰胺（Gln）。这就导致吸光度在 340nm 时下降，我们可根据吸光度在 340nm 的下降速率来计算出 GDH 的酶活性，采用由公司购买的试剂盒进行检测。

在试管中加入 0.05mL 粗酶提取液和 0.95mL 的工作液，将其混合均匀，倒入比色皿中，在波长为 340nm 的条件下，于 20s 和 5min 20s 时分别测出其吸光度值设定为 A_1 和 A_2，计算 $\Delta A = A_1 - A_2$。（将样本加入工作液中进行计时）。计算公式如下：

$$GDH\ 活力（U/mL）= \Delta A \times V_{反总} \times 10^9 \div (\varepsilon \times d \times V_{样} \times T)$$

式中：$V_{反总}$，反应体系总体积；ε，NADH 摩尔消光系数；d，比色皿光径；$V_{反总}$，加入提取液体积；$V_{样}$，加入样品体积；T，反应时间。

4.3.2.3　谷氨酸合成酶的测定

NADH 作为 GOGAT 的电子供体，可对 Gln 的氨基进行催化，转移至 α-酮戊二酸从而形成两分子的 Glu，我们可根据 NADH 在吸光度是 340nm 的下降速率来计算出 GOGAT 的酶活性，采用购自公司的试剂盒进行检测。

在试管中加入 100μL 粗酶提取液和 900μL 的工作液，将其混合均匀，加样品时，开始计时，在波长为 340nm 的条件下，在第 20s 时，将其初始吸光度比色并记录下来，定为 A_1，比色之后，立即把盛放反应液的比色皿放入 25℃ 温度条件下的培养箱中反应，准确时间 5min；随后将比色皿迅速取出并擦干，在波长为 340nm 的条件下进行比色，将其在第 5min 20s 时的吸光度记录下来定为 A_2，计算 $\Delta A = A_1 - A_2$。计算公式如下：

$$GOGAT\ 活力（U/mL）= [\Delta A \times V_{反总} \div (\varepsilon \times d) \times 10^9] \div (V_{样} \div V_{样总}) \div T$$

式中：$V_{反总}$，反应体系总体积；ε，NADH 摩尔消光系数；d，比色皿光径；$V_{样}$，加入样品体积；$V_{样总}$，加入提取液体积；T，反应时间。

4.3.2.4　谷氨酰胺合成酶的测定

在 ATP 和 Mg^{2+} 存在的条件下，GS 可将 NH_4^+ 和 Glu 进行催化并合成 Gln；随后 Gln 可进一步转化，转化成为 γ-谷氨酰基异羟肟酸，在酸性条件下，其可与铁形成红色的络合物；在波长为 540nm 条件下，该络合物的吸光度会出现吸收的最高峰值。采用由公司购买的试剂盒进行检测。

取 175μL 粗酶提取液，加入工作液 575μL，设置一个对照组，混匀，25℃反应 30min，测定管和对照管 250μL 反应液，混匀，室温静置 10min，4 000r/min 离心 10min，取上清在波长为 540nm 处时，比色皿的光径为 1cm，用蒸馏水进行调零，将各管的 OD 值测出，$\Delta A = A_{测定} - A_{对照}$。计算公式如下：

$$GS\text{ 活力 }[\mu mol/(mL \cdot h)] = (\Delta A - 0.000\ 8) \div 0.834\ 8$$
$$\times V_{反总} \div V_{样} \div T$$

式中：$V_{反总}$，反应体系总体积；$V_{样}$，加入样品体积；T，反应时间。

4.3.2.5　数据处理

试验数据使用 Excel 进行整理后采用 SPSS 24.0 统计软件进行单因素方差分析（ANOVA），采用 Duncan 法进行多重比较分析，以 $P<0.05$ 作为差异显著的判断标准，用 Origin 2019 绘图。

4.3.3　结果分析

4.3.3.1　谷氨酸脱氢酶活性

3 株酵母经过发酵 5d 后测得的酶活性都是先升高然后降低的趋势。J1 在发酵的 1~5d 中酶的活性高于 N5 和 CBL1 这 2 株酵母，并且在第 3d 的时候差异显著（$P<0.05$），数值达到了 18.97U/mL，在第 1d、第 5d 的时候酶活明显高于 GBL1，酶活值为 10.50U/mL，9.32U/mL（$P<0.05$）。N5 在发酵第 5d 的时候酶活比 GBL1 要高，但是差异不显著。GBL1 发酵的酶活比 N5 和 J1 这 2 株酵母低（图

4-8）。

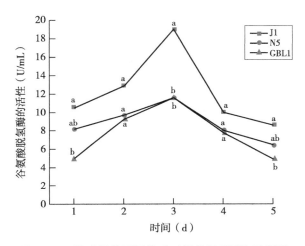

图4-8　3株酵母菌不同发酵时间谷氨酸脱氢酶活性

4.3.3.2　谷氨酸合成酶活性

　　这3株酵母菌株在1~5d的发酵中都呈先升高后降低的变化趋势。J1在发酵的1~5d中酶的活性高于N5和CBL1这2株酵母，并且在第2d、第4d的时候差异显著（$P<0.05$），数值达到了13.30U/mL和6.765U/mL。N5在发酵第4d时候酶活明显地高于GBL1（$P<0.05$），数值为4.93U/mL，在发酵的第3d、第5d的时候酶活高于GBL1。GBL发酵的酶活比N5和J1这2株酵母低（图4-9）。

4.3.3.3　谷氨酰胺合成酶活性

　　这3株酵母菌在1~5d的发酵中都呈一个先升高后降低的变化趋势。J1在发酵的1~5d中酶的活性高于N5和CBL1这2株酵母，并且在第2d、第4d、第5d的时候有明显的差异（$P<0.05$），数值达到了0.85μmol/（mL·h）、0.47μmol/（mL·h）和0.54μmol/（mL·h）。N5的酶活高于GBL1，但是差异不是很明显。GBL发酵的酶活比N5和J1这2株酵母低（图4-10）。

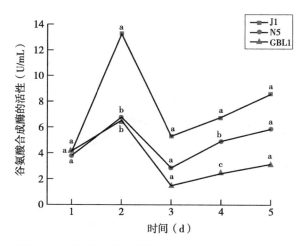

图 4-9　3 株酵母菌不同发酵时间谷氨酸合成酶活性

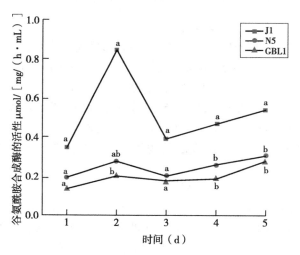

图 4-10　3 株酵母菌不同发酵时间谷氨酰胺合成酶活性

4.3.3.4 NH$_4^+$-N 含量的测定

图 4-11 显示了酿酒酵母 J1、胶红酵母 N5、戴尔有孢圆酵母 GBL1 在 3 个锥形瓶中发酵液中 NH$_4^+$-N 含量的变化。在发酵的 5d 中，所有处理中 NH$_4^+$-N 含量均迅速减少。酿酒酵母 J1 发酵第 1d 的 NH$_4^+$-N 含量在 12.933mg/100g；发酵结束的第 5d NH$_4^+$-N 含量为 8.148mg/100g；胶红酵母 N5 发酵第 1d 的 NH$_4^+$-N 含量在 13.353mg/100g；发酵结束的第 5dNH$_4^+$-N 含量为 11.694mg/100g；戴尔有孢圆酵母 GBL1 发酵第 1d 的 NH$_4^+$-N 含量在 14.323mg/100g；发酵结束的第 5d 氨氮含量为 12.064mg/100g。酿酒酵母 J1 在发酵 5d 后 NH$_4^+$-N 含量最少，并且与胶红酵母 N5 和戴尔有孢圆酵母 GBL1 有显著差异（$P < 0.05$）。说明酿酒酵母 J1 氨氮利用能力最强。

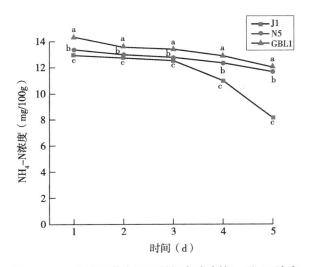

图 4-11　3 株酵母菌在不同时间发酵液的 NH$_4^+$-N 浓度

4.3.4　讨论

随着发酵时间的延长这 3 株酵母处理的 NH_4^+-N 含量均下降，在发酵第 5d 胶红酵母 N5 的 NH_4^+-N 含量最少，其次是酿酒酵母 J1，这和上一章节的氨氮利用率结论一样，说明胶红酵母 N5 的氨氮利用率最高。氮源的种类也直接影响着酵母的氮代谢。与大多数微生物一样，酵母选择性地利用氮源，优先运输和利用良好的氮源，其次是较差的[80]。因此，氮源被分为首选氮源（氨酰胺、谷氨酰胺、谷氨酸）和非首选氮源（尿素、脯氨酸）[81]。当氮源以混合物提供时，含氮化合物在酵母的生长阶段被依次消耗。但是铵是一个例外，只有当其他 2 个首选氮源谷氨酰胺、谷氨酸消耗殆尽时，铵的消耗才开始[82]。当酵母菌在首选的氮源铵或谷氨酰胺上生长时，GS/GOGAT 途径起主要作用。相反，使用非首选的氮源脯氨酸则需要脯氨酸利用（Proline utilization，PUT）途径和 GS/GOGAT 途径的组合[83]。

当氨被掺入碳骨架中时，酵母菌会吸收氨。在此过程中，氨是氮的最终产物，被掺入碳骨架中以产生谷氨酰胺和谷氨酸，它们是酵母蛋白质合成的重要氮供体[150]。在酵母中观察到 GDH 和 GS/GOGAT 这两种氨吸收的关键途径，其中有 3 种酶在氨吸收中起关键作用[151]，即 GDH、GS 和 GOGAT 酶。

在 GDH 途径中，氨与 α-酮戊二酸经过 GDH 的催化从而形成谷氨酸。尽管 3 株酵母数值不同，但所有处理中 GDH 活性的趋势相似。胶红酵母 N5 在 5d 中的发酵酶活每天都要比戴尔有孢圆酵母 GBL1 高，但是，相比没有明显差异。戴尔有孢圆酵母 GBL1 的发酵酶活与其他 2 株酵母相比均较低。GDH 在酿酒酵母 J1 发酵过程中最活跃，Valenzuela 等[152]发现从乳酸克鲁维斯酵母（Kluyveromyces lactis）中提取的 GDH 活性比在酿酒酵母中发现的低 5 倍，说明不同酵母的氨同化酶活性不同，Wang 和 Tan[153]发现当可溶性碳水化合物和氨足够时，GDH 是氨同化的主要酶。

在 GS/GOGAT 途径中，NH_4^+-N 和谷氨酸经过 GS 的催化作用从而合成出谷氨酰胺和水解 ATP[154]。经过 GOGAT 的催化，酰胺基团从谷氨酰胺向 α-酮戊二酸的转移，NADH 因其的催化作用而减少[153]。在所有处理中，GS 和 GOGAT 的活性均相似。GS 和 GOGAT 的活性在前两天迅速增加，然后呈逐渐下降趋势，直到第 3d。此后，它们又迅速增加。随着 3 株酵母发酵的进行，GS 和 GOGAT 活性的增加可能与氨浓度的降低有关。Erfle 等[155]发现当氨浓度小于 1mmol 时，GS 的活性增加了 10 倍。但是，在整个堆肥的过程中，氨浓度较高（约 10mmol），因此在本研究中未观察到此现象。

GDH 对氨的亲和力低，而 GS/GOGAT 循环对氨的亲和力高[151]。当 3 株酵母在氨浓度高进行发酵处理时，GDH 的活性会很高，且 GDH 在氨同化中起主要作用。但是，随着发酵过程铵离子逐渐被酵母利用氨浓度的逐渐降低，GS/GOGAT 的活性逐渐增加，GS/GOGAT 循环在发酵结束之前起着重要作用。

GDH 和 GS/GOGAT 这 2 种途径在不同的酵母中表现不同。Holmes 等[84]在连续培养的白色念珠菌（*C. albicans*）中研究这 2 条氨同化途径，证明 GS/GOGAT 途径是这些酵母菌氨同化的主要途径。Awendano 等[85]和 Sieg 等[83]通过构建酵母突变体，得出当以氨为唯一氮源时，GS/GOGAT 途径主要负责谷氨酸的产生，证明 GS/GOGAT 途径在酵母中氨同化的重要性。之后 Folch 等[86]通过构建不含生物合成的 NADP-GDH 或 GOGAT 的酵母突变体。与野生型相比，那些在 NADP-GDH 中受损的菌株，当它们以铵为唯一氮源生长时，表现出较慢的生长速度；GOGAT 受损的菌株无论在高铵或低铵上，没有表现出变化。研究表明在酿酒酵母中，GDH 途径在谷氨酸生物合成中发挥重要作用。

α-酮戊二酸是碳和氮代谢中常见的中间产物。在碳代谢过程中，在三羧酸循环中生成 α-酮戊二酸。在微生物氨同化中，α-酮戊二酸是 GDH 与 GS/GOGAT 循环之间的共同底物[151]。

GS/GOGAT循环消耗大量细胞内 ATP，同时催化谷氨酸和谷氨酰胺之间的相互转化[154]。添加时，蔗糖提供了一个碳源，可以刺激微生物中的碳代谢，并且为氨的吸收提供了更多的能量和 α-酮戊二酸酯[156]。因此，在蔗糖改良剂处理中 GS 和 GOGAT 的活性高于对照处理。此外，当氨浓度高时，细菌可以通过调节聚腺苷酸化来减少能量损失，从而抑制 GS/GOGAT 的活性[157,158]。此外，尽管相对于氨的亲和力较低，但由于相对较低的能源成本，GDH 途径在冷却阶段之前的氨吸收中起着重要作用。Tesch 等[159]还表明，当体内通量实验中的能量受到限制时，GDH 有利于谷氨酸的合成。

4.3.5 小结

测定 3 株高氨氮利用能力酵母的氨同化 GDH 和 GS/GOGAT 这 2 条途径关键酶活：谷氨酸脱氢酶（Glutamate dehydrogenase，GDH），谷氨酰胺合成酶（Glutamine synthetase，GS），谷氨酸合成酶（Glutamate synthase，GOGAT）。酿酒酵母 J1 的这 3 种酶活性分别达到 18.97U/mL、0.85μmol/（mL·h）、13.30U/mL，胶红酵母 N5 为 11.574U/mL、0.30μmol/（mL·h）、6.75U/mL，戴尔有孢圆酵母 GBL1 较差为 11.574U/mL、0.28μmol/（mL·h）、6.5U/mL。

4.4 氨氮利用酵母在苜蓿粉固态发酵中的应用

4.4.1 试验材料与仪器

4.4.1.1 试验材料

供试菌株：酿酒酵母（J1）、胶红酵母（N5）、戴尔有孢圆酵母（GBL1）（分别分离于内蒙古华琳食品有限责任公司的奶酪，山西省晋中市太谷区佳佳利商场购买新鲜水果），其中 J1 和 N5 已保藏于 CGMCC，保藏编号为 20061、20062。

苜蓿粉：2020 年 5 月从山西农业大学试验田取紫花苜蓿品

种 WL168HQ。

培养基：YPD 培养基、MRS 培养基、孟加拉红培养基、伊红美兰培养基。

4.4.1.2　试验仪器

扫描电子显微镜，日本电子株式会社；高速冷冻离心机，赛默飞世尔科技公司；光学数码显微镜，南京江南永新光学有限公司；超净工作台，苏州苏洁净化设备有限公司。

4.4.2　试验方法

4.4.2.1　酵母接种物的制备

将筛选的 J1、N5、GBL1 这 3 株酵母菌株活化，制备种子液在 4℃冰箱保存备用。

4.4.2.2　苜蓿粉固态发酵

材料：收割初花期的紫花苜蓿带回实验室，在烘箱于 65℃烘箱烘 48h，用高速粉碎机制成粉末，过 40 目筛，避光保存。

固态发酵：在 500mL 广口瓶中装入 50g 的苜蓿粉，用蒸馏水调节料水比为 1∶1.5，在高压锅中灭菌（121℃，15min），取出冷却至室温。分别取 3 株酵母的菌悬液 14mL，接种苜蓿粉，对照组 CK 加 14mL 蒸馏水，在 30℃，发酵 5d。除用于微生物分析的样品外，所有样品（未发酵和发酵的）均在 65℃下干燥 48h，冷却，通过 0.5mm 的筛子，并在 20℃下储存直至进一步分析。每组设置 3 个平行。

4.4.2.3　营养成分测定

对发酵品进行分析：干物质（DM）、粗蛋白质（CP）、粗脂肪（EE）、粗灰分（Ash）、钙（Ga）、磷（P）、钾（K）、镁（Mg）送公司检测。中性洗涤纤维（NDF）、酸性洗涤纤维（ADF）、木质素（ADL）根据 VanSoest[160]的方法测定。

4.4.2.4　含氮化合物测定

真蛋白（Pr）采用凯氏定氮法，可溶性蛋白（SP）根据 Bradford[141]方法，氨态氮（NH$_4$-N）采用苯酚-次氯酸盐法[142]，氨基酸（AA）采用茚三酮比色法[161]。过瘤胃蛋白（UIP）委托蓝德雷饲草饲料品质检测实验室使用福斯饲料专用分析仪（FOSS DS2500）测定。

4.4.2.5 饲用价值评价

相对饲喂价值（RFV）、总可消化养分（TDN）、相对牧草质量（RFQ）、奶吨（MT）、维持净能（NEM）、增重净能（NEG）送至公司检测。

4.4.2.6 pH 值及微生物测定

称取 35g 发酵苜蓿粉置于广口瓶中，取 70mL 去离子水，放置实验室的 4℃冰箱过夜。收集滤液，使用 pH 计测定不同样品浸提液的 pH 值。

苜蓿粉固态发酵过程中微生物的测定。根据 Kasprowicz - Potocka 等[162]的方法，使用标准平板方法进行了微生物分析。将样品中将乳酸菌和大肠杆菌在 MRS 琼脂上于 30℃厌氧孵育 72h。将霉菌和酵母在 YPD 琼脂培养基上于 28℃孵育 96h。

4.4.2.7 电镜拍摄

将 J1、N5、CBL1 发酵完成后的苜蓿粉，在 80℃烘箱中烘干，扫描电镜同 4.2.2.6 方法。

4.4.2.8 转化效率评定

通过对苜蓿粉发酵后和发酵前 NH$_4$-N、CP、Pr 比对分析，评价其转化效率，具体公式如下：

NH$_4$-N 转换效率（%）=（发酵前 NH$_4$-N 含量－发酵前后 NH$_4$-N 含量）/发酵前 NH$_4$-N 含量×100

CP 转换效率（%）=（发酵后 CP 含量－发酵前 CP 含量）/发酵前 CP 含量×100

Pr 转换效率（%）=（发酵后 Pr 含量－发酵前 Pr 含量）/发酵前 Pr 含量×100

4.4.2.9 数据处理

试验数据使用 Excel 进行整理后，采用 SPSS 24.0 统计软件进行单因素方差分析（ANOVA），采用 Duncan 法进行多重比较分析，以 $P<0.05$ 作为差异显著的判断标准，试验结果用平均值±标准差来表示。

4.4.3 结果与分析

苜蓿粉原料营养成分如表 4-3 所示，CP 的含量为 17.31%，Pr 的含量为 14.87%，NH_4-N 的含量为 1.21mg/100g。

表 4-3 苜蓿粉原料营养成分

样品	DM（%FM）	CP（%DM）	Pr（%DM）	NH_4-N（mg/100g）
苜蓿粉	50	17.31	14.87	1.21

4.4.3.1 含氮化合物分析

表 4-4 显示了 3 株酵母固态发酵苜蓿粉与未发酵样品的 Pr、SP、VIP、AA、NH_4-N 含量变化。经过固态发酵之后，J1、N5、GBL1 处理组与对照组 CK 相比，Pr、SP、VIP、AA、NH_4-N 含量差异显著（$P<0.05$）。

添加 J1、N5、CBL1 的苜蓿粉固态发酵 5d 后，Pr、SP、VIP、AA 的含量增多，氨氮化合物的含量下降。Pr 的含量在添加酵母之后相比于对照组（CK）都有升高，这 3 个处理组（J1、N5、CBL1）之间也有显著差异，其中添加 J1 最高，达到 19.34%，N5 次之含量为 18.55%（$P<0.05$）。添加酵母之后与对照组（CK）相比 SP 的含量都有升高，这 3 个处理组（J1、N5、CBL1）之间也有显著差异，其中添加 J1 最高，达到 13.07%，N5 次之含量为 12.28%（$P<0.05$）。添加酵母之后与对照组（CK）相比 VIP 的含量都有升高，这 3 个处理组（J1、N5、CBL1）之间也有显著差异，

其中添加 GBL1 最高，达到 13.07%，N5 次之含量为 12.28%，J1 最少（$P<0.05$）。添加酵母之后与对照组（CK）相比 AA 的含量都有升高，这 3 个处理组（J1、N5、CBL1）之间也有显著差异，其中添加 J1 最高，达到 187.54mg/100g，N5 次之含量为 175.54mg/100g，GBL1 最少（$P<0.05$）。添加酵母之后与对照组（CK）相比 NH_4-N 的含量均下降，这 3 个处理组（J1、N5、CBL1）之间也有显著差异，其中添加 J1 最少，达到 0.41mg/100g（$P<0.05$）。

表 4-4　固态发酵苜蓿粉含氮化合物

指标	CK	J1	N5	GBL1	SEM
Pr（%DM）	13.93d	17.34a	16.55b	15.62c	0.662
SP（%DM）	10.27d	13.07a	12.28b	11.72c	0.046
VIP（%DM）	31.18c	32.43b	33.48ab	34.44a	0.171
AA（mg/100g）	164.58c	187.54a	175.54b	167.32c	0.519
NH_4-N（mg/100g）	1.15a	0.60c	0.41d	0.79b	0.015

　　注：CK，对照组；J1，酿酒酵母；N5，胶红酵母；GBL1，戴尔有孢圆酵母；SEM，标准误，字母 a、b、c、d 不同表示不同酵母菌株固态发酵苜蓿粉的差异显著（$P<0.05$）；下表同。

4.4.3.2　营养成分分析

　　固态发酵对苜蓿粉营养变化的影响如表 4-5 所示，与未发酵苜蓿粉 CK 相比，添加酵母固态发酵之后样品的 CP、EE、Ash、ADL、ADF、NDF 的含量均显著高于 CK（$P<0.05$）；DM 的含量减少，显著低于 CK（$P<0.05$）；发酵之后 3 个样品的 DMR 均显著高于 CK（$P<0.05$）；发酵之后样品的 Ga、P、K、Mg 的含量均显著高于 CK（$P<0.05$）。

　　不同的酵母发酵处理后苜蓿粉的 CP 含量差异显著（$P<0.05$），其中 J1 处理组 CP 含量最高，达到 18.87%；N5 和 GBL1 的 EE 含量显著高于 N5 和 GBL1（$P<0.05$），N5 和 GBL1 之间没有

显著影响；这 3 个处理组之间 ADL 含量有显著差异（$P<0.05$），其中 GBL1 处理组 ADL 含量最低；J1 和 N5、J1 和 GBL1 之间 ADF、NDF 有显著差异（$P<0.05$），N5 与 GBL1 之间没有显著影响；J1、N5 和 GBL1 之间钙有显著差异（$P<0.05$），N5 与 J1 之间没有显著影响；J1 和 N5、GBL1 之间磷有显著差异（$P<0.05$），RM 与 SC 之间无显著差异；J1、N5 和 GBL1 之间钾差异显著（$P<0.05$），RM 与 SC 之间无显著差异；J1 和 N5、GBL1 之间镁有显著差异（$P<0.05$），N5 与 J1 之间没有显著影响；DMR 有显著差异（$P<0.05$），其中 GBL1 处理组 DMR 最高。

表 4-5　固态发酵苜蓿粉营养成分

指标	CK	J1	N5	GBL1	SEM
DM（%FM）	53.92a	52.53a	51.37b	53.29a	0.360
DM 保存率（%DM）	97.09d	97.77b	97.44a	98.31c	0.026
Ash（%DM）	7.87b	7.95b	8.84a	8.67a	0.090
EE（%DM）	2.02b	2.44b	2.85a	2.72a	0.041
CPr（%DM）	17.24c	18.87a	18.18b	18.47ab	0.075
ADL（%DM）	6.72d	7.36a	7.05c	7.19b	0.006
ADF（%DM）	35.14c	38.66b	40.54a	40.31a	0.228
NDF（%DM）	46.13c	49.17b	51.45a	52.47a	0.310
Ca（%DM）	1.43c	1.77ab	1.71b	1.80a	0.010
P（%DM）	0.31c	0.36b	0.39a	0.38ab	0.003
K（%DM）	2.28c	2.81a	2.88a	2.69b	0.014
Mg（%DM）	0.29c	0.35b	0.38a	0.40a	0.005

4.4.3.3　饲喂价值分析

通过添加不同酵母固态发酵对苜蓿粉相对饲喂价值的影响（表 4-6）。与未发酵苜蓿粉 CK 相比，添加酵母菌固态发酵之后样品的 TDN、RFV、RFQ、MT 的含量均下降；3 个处理组之间（J1、N5、CBL1）差异显著，其中 J1 组样品的含量最高，与未发酵苜蓿粉无显著变化。

表4-6　固态发酵苜蓿粉饲用价值

指标	CK	J1	N5	GBL1	SEM
TDN	53.77a	52.73ab	52.13b	50.44c	0.175
RFV	124a	111b	104c	102c	0.943
RFQ	104a	99b	98b	87c	0.726
MT	1 231.00a	1 195.66ab	1 163.00b	1 095.33c	6.453

4.4.3.4　pH 值及微生物分析

使用酵母固态发酵所得产品的，pH 值范围为 5.94~6.16，样品之间没有显著性差异，仅 J1 组的 pH 值比对照组高得多。发酵后样品中所测微生物含量与对照组有显著性差异（$P<0.05$），用 3 株酵母发酵后样品中酵母和乳酸菌的数量与对照组相比显著增加（$P<0.05$），霉菌的数量显著减少（$P<0.05$），其中用 N5 发酵的处理组酵母和乳酸菌数量最多，而用 J1 发酵的样品中，霉菌的数量最低。发酵后的样品中均未检测到大肠杆菌（表4-7）。

表4-7　固态发酵苜蓿粉的微生物组成

指标	CK	J1	N5	GBL1	SEM
pH 值	5.76a	6.16a	5.94a	5.89a	0.066
酵母菌（CFU/g）	$1.40×10^8$c	$1.39×10^8$d	$2.65×10^8$a	$1.65×10^8$b	0.011
乳酸菌（CFU/g）	$1.41×10^8$c	$1.40×10^8$b	$9.06×10^8$a	$8.10×10^8$a	0.284
大肠杆菌（CFU/g）	$2.49×10^8$	—	—	—	
霉菌（CFU/g）	$2.91×10^5$a	$<10^5$d	$1.71×10^5$c	$2.73×10^5$b	—

4.4.3.5　电镜分析

苜蓿粉在 3 株酵母酿酒酵母 J1，胶红酵母 N5，戴尔有孢圆酵母 GBL1 固态发酵后，进行扫描电子显微镜观察如图 4-12 所示。图 4-12A 是未发酵的苜蓿粉形态，超滤苜蓿粉的显微照片显示出具有大块的致密纤维素壁，并且微表面相对平坦和光滑，形态不变。图 4-12B 是苜蓿粉在胶红酵母 N5 固态发酵后扫描电镜图，样

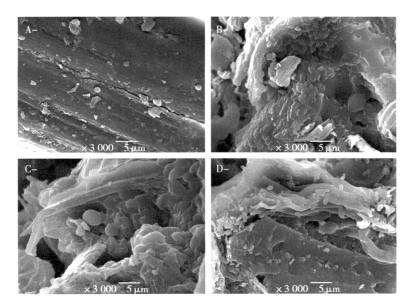

图4-12　扫描电镜不同酵母菌固态发酵发酵苜蓿粉的表面形貌

注：A，未发酵苜蓿粉；B，胶红酵母 N5 发酵苜蓿粉；C，酿酒酵母 J1 发酵苜蓿粉；D，戴尔有孢圆酵母；GBL1 发酵苜蓿粉。

品的微观表面看起来不完整且不光滑，纤维素壁的组织由于部分松散的结构而部分变坏，表面也能观察到附着了大量的酵母；图4-12C 是苜蓿粉在酿酒酵母 J1 固态发酵后扫描电镜图，观察到样品的表面纤维素结构被破裂，可以观察到大量酵母进入并附着在里面观察到严重混乱的微观结构；图4-12D 是苜蓿粉在戴尔有孢圆酵母 GBL1 固态发酵后扫描电镜图，观察到样品表面出现扭曲，纤维素壁也破裂并出现大量微孔，大量酵母附着其表面。可以看到这 3 株酵母对苜蓿粉进行发酵，附着于表面使其表面结构被破坏，使样品表面被小块更有效地消化，生物活性化合物可以有效释放并进一步转化为目标化合物。

4.4.3.6 转化效率评定

这3株酵母固态发酵苜蓿粉后，NH_4-N、Pr、CP 转化效率评定如表4-8所示。与对照组相比，酵母发酵之后 NH_4-N 的含量变少，转化效率越低，其中胶红酵母 N5 最高，达到 66.98%；与对照组相比，酵母发酵之后 Pr 的含量变多，转化效率越高，其中酿酒酵母 J1 最高，达到 14.01%；与对照组相比，酵母发酵之后 CP 的含量变多，转化效率越高，其中酿酒酵母 J1 最高，达到 6.58%。

表4-8 固态发酵苜蓿粉转化效率评定

指标	CK	J1	N5	GBL1	SEM
NH_4-N（%DM）	-7.72	51.52	66.98	35.81	0.662
Pr（%DM）	-9.05	14.01	8.45	3.27	0.519
CP（%DM）	-3.30	6.58	2.34	4.90	0.015

4.4.4 讨论

4.4.4.1 营养成分分析

蛋白质饲料的短缺一直是我们面临的问题，苜蓿因其蛋白质含量高而享有"牧草之王"的美称。但因其纤维素含量高，适口性差降低了动物的采食量，从而影响了动物的生长性能。有研究证明用微生物发酵可以改善饲料的适口性，增加蛋白质含量[163-165]。本研究通过3株酵母 J1、N5、GBL1 固态发酵苜蓿粉导致其成分和营养品质发生了一些变化，CP 含量增加，其中 J1 处理蛋白质含量最高，达到18.87%。Ding 等[166]和 Rashad 等[167]报道了用酿酒酵母菌株发酵的豆渣的蛋白质含量增加了51.1%。蛋白质含量的增加归因于酵母利用可利用的氮源进行生长和生物量生产[168-169]。发酵后样品的 NH_4-N 含量减少，这可能是因为 NH_4-N 作为氮源用于酵母菌的生长[170,171]。发酵后样品中的 AA 含量比对照组增加，因为酵母产生的酶在发酵过程中会水解蛋白质和多肽[172]。酵母发酵后脂肪的含量增多，可能是因为酵母菌生物量增多，Shi 等[173]在使用酵母固态发酵豆渣时有相反的结果，这是因为酵母可以产生脂肪酶，将苜蓿粉中的脂质水解为甘油和脂肪酸[174,175]。发酵后，苜蓿粉的 NDF、ADF、ADL 含量增多，可能是因为酵母繁殖生物量增多，自身一些不溶物质增多，导致比对照组增多。Queiroz 等[176]报道苜蓿粉发酵与其有相反结果，因为酵母能够分泌纤维素和半纤维素降解酶可以降解纤维素[177]。RFV 是根据粗饲料 NDF 和 ADF 的值进行计算的，NDF 和 ADF 的值越低，其品质就越好，是评价粗饲料品质的一个重要指标[178]。处理组饲用价值各个指标比对照组都有一点减少的，但 3 株酵母发酵结果其中 J1 处理组饲用价值最高，N5 处理组次之。经过酵母固态发酵后，苜蓿粉 NH_4-N 转化效率低，可能是因为酵母吸收利用 NH_4-N 转化为有机氮或者用于自身生长，NH_4-N 含量变少。发酵后苜蓿粉 Pr 和 CP 转化效率提高，一种原因可能是酵母利用 NH_4-N 转化为蛋白，另一种原因可能因为酵母菌体大量繁殖，菌体蛋白增多。

4.4.4.2　pH 值及微生物分析

饲料不仅可以作为动物营养物质的来源，而且还可以作为微生物不受控制地生长的极佳基质。卫生质量是决定食物和饲料消费倾向的重要因素。细菌、酵母和霉菌会产生许多代谢物，这些代谢物可能会导致饲料或食物变质，并有影响消费者。在此类研究中，很少分析发酵后产品的微生物状态[179,180]。在发酵过程中，由于糖和甘油的降解，酵母还会产生有机酸，从而降低 pH 值[168]。本研究中酵母发酵后 pH 没有降低，可能是代谢产物中有机酸的产量低，无法降低 pH 值。Kasprowicz-Potocka 等[162]用酵母发酵羽扇豆后样品的 pH 值也略有增加。在本研究中所获得发酵产品与未发酵的对照组相比，发现所有被测微生物的数量普遍增加。

微生物的生长取决于培养基的化学组成、温度、湿度、pH 值和氧气的可利用性。乳酸菌生长适宜 pH 值在 5.5~5.8，而酵母的最佳 pH 值在 3.0~7.5，而霉菌的最佳 pH 值在 4.0~6.5。大肠杆菌和其他需氧细菌需要中性的 pH 值生长，其中大多数还需要氧气。本研究中发酵产物的 pH 值范围为 5.7~6.1，因此乳酸菌、酵母和霉菌在理论上具有适合发育的 pH 条件。在原始苜蓿粉中，所有这些生物都是在发酵前发现的，这表明收获和储存后的种子大部分都可能被微生物污染。发酵后，所有产品中均检测到较高水平的酵母，这是由于添加了活酵母所致。酵母代谢物有助于 pH 值的升高，这有利于腐败菌的生长，这在实际研究中可以观察到。在 N5 发酵的样品中发现了最多的乳酸菌，Kasprowicz-Potocka 等[162]在接种酵母的羽扇豆粉中发现了较高水平的乳酸菌；Olstorpe 等[182]在接种毕赤酵母的大麦中发现了较高水平的乳酸菌。酵母发酵后样品中未发现大肠杆菌，霉菌的数量也显著减少，其中 J1 组发酵后霉菌数量最少。这可能是因为酵母菌将可利用的营养来源迅速耗尽，抑制了大肠杆菌和霉菌的生长。Druvefors 和 Schnürer[183]也发现了各种酵母抑制霉菌生长的能力。

4.4.4.3 电镜分析

为了进一步评估酵母在苜蓿粉固态发酵过程中的变化，通过扫描电子显微镜研究了苜蓿粉在 3 株酵母酿酒酵母 J1、胶红酵母 N5、戴尔有孢圆酵母 GBL1 发酵前后的物理结构变化。超滤苜蓿粉样品的显微照片微结构清晰显示出具有大块的致密纤维素壁，并且微表面相对平坦和光滑，形态不变（图 4-12A）。然而，苜蓿粉的形态在这 3 株酵母固态发酵后中改变了。在图 4-12B 和图 4-12C 中，观察到样品的微观表面看起来不完整且不光滑，纤维素壁的组织由于部分松散的结构而部分变坏，大量酵母进入并附着于表面使其的表面结构被破坏，使样品表面被小块更有效地消化；在图 4-12D 中观察到样品表面出现扭曲，纤维素壁也破裂并出现大量微孔，大量酵母菌附着其表面。添加酵母发酵的苜蓿粉于对照组相比，观察到严重混乱的微观结构，并且细胞壁被进一步破坏。样品表面的结构被酵母分泌的一些化合物质降解破坏，使样品表面被小块更有效地消化，细胞壁的损坏归因于微生物对原材料中营养物质的生长和繁殖的吸收，以及纤维素、β-葡萄糖苷酶、α-淀粉酶和木聚糖酶等新陈代谢酶的分泌，具有破坏细胞壁的能力。将大分子物质分解为小分子物质，使酵母能更好地吸收利用，最后，将生物活性化合物可以有效释放并进一步转化为微生物蛋白[184-187]。

4.4.5 小结

为了提高苜蓿的蛋白质含量，解决饲料短缺问题。本研究以酿酒酵母（J1）、胶红酵母（N5）、戴尔有孢圆酵母（GBL1）对苜蓿粉进行固态发酵，发酵 5d 后测定样品的营养成分以及微生物组成。结果表明：发酵后苜蓿粉的 CP、Pr、SP、VIP、AA、粗脂肪含量显著高于对照组（$P<0.05$）。NH_4-N 的含量显著低于对照组（$P<0.05$）。发酵后苜蓿粉的相对饲喂价值没有较好变化。发酵后增加了酵母菌和乳酸菌的数量，减少了大肠杆菌和霉菌的数量，其中酿酒酵母 J1 固态发酵苜蓿粉是最有利的，胶红酵母 N5 次之。

4.5 结论与展望

4.5.1 结论

本文从土壤、酸奶、奶酪和水果中分别筛选出了 13 株酵母。以硫酸铵为唯一氮源进行初筛，结合氨氮利用率、蛋白质含量、菌体干重高进行复筛，筛选出酿酒酵母 J1、胶红酵母 N5、戴尔有孢圆酵母 GBL1 这 3 株高氨氮利用能力酵母，对其进行氨同化途径关键酶活性测定，以及固态发酵对苜蓿粉的应用得出下列结论。

（1）酿酒酵母 J1、胶红酵母 N5、戴尔有孢圆酵母 GBL1 这 3 株酵母具有较高的氨氮利用率，其中 J1 蛋白质含量最高达到 62.22%，N5 的蛋白质含量为 54.67%，N5 的氨氮利用率最高达到 88.44%，其次是 J1 氨氮利用率为 45.93%，GBL1 的菌体干重最高达到 1.19mg/mL。

（2）这3株酵母在氨同化的 GDH 和 GS/GOGAT 这2种途径相关的酶活性（GDH、GS、GOGAT）表现不同。其中酿酒酵母 J1 的这3种酶活性最高，其次是胶红酵母 N5，表现最差的是戴尔有孢圆酵母 GBL1。

（3）3株酵母固态发酵可以改善苜蓿粉的营养价值并抑制大肠杆菌和霉菌的生长。酿酒酵母 J1 更有利于苜蓿粉蛋白质，AA 含量的增加，氨氮含量的减少，胶红酵母 N5 次之。

这些结果证实了酿酒酵母 J1，胶红酵母 N5 可以作为酵母类单细胞蛋白饲料发酵的优良菌株。

4.5.2 展望

（1）目前，酵母氮利用的途径很多，本实验仅对3株酵母氨同化途径关键酶以及相关的氨氮例子进行探讨与分析，但对于基因工程方面和其他的分子生物学技术还需要做进一步研究。

（2）对这3株酵母的发酵条件没有优化，没有探讨最适的发酵条件，如温度、pH 值、微生物的添加量、水分等。

（3）酵母的固态发酵试验只是基于实验室的基础，并没有应用到实际生产中进行大型发酵试验以及动物试验。

参考文献

［1］ BOLAND M J, RAE A N, VEREIJKEN J M, et al. The future supply of animal-derived protein for human consumption ［J］. Trends in Food Science & Technology, 2013, 29（1）: 62-73.

［2］ LYU F, THOMAS M, HENDRIKS W H, et al. Size reduction in feed technology and methods for determining, expressing and predicting particle size: a review ［J］. Animal Feed Science and Technology, 2020, 261（1）: 114347.

［3］ VAN DER POEL A F B, ABDOLLAHI M R, CHENG H, et al. Future directions of animal feed technology research to meet the challenges of a changing world ［J］. Animal Feed Science and Technology, 2020, 270 (2): 114692.

［4］ GLENCROSS B D, BOOTH M, ALLAN G L. A feed is only as good as its ingredients-a review of ingredient evaluation for aquaculture feeds ［J］. Aquaculture Nutrition, 2007, 13 (1): 17-34.

［5］ 姚俊鹏, 谭青松, 朱艳红, 等. 植物蛋白替代鱼粉对克氏原螯虾生长和繁殖的影响 ［J］. 水生生物学报, 2020, 44 (3): 479-484.

［6］ MAHBOOB S, RAUF A, ASHRAF M, et al. High-density growth and crude protein productivity of a thermotolerant Chlorella vulgaris: production kinetics and thermodynamics ［J］. Aquaculture International, 2012, 20 (3): 455-466.

［7］ VERSTRAETE W, CLAUWAERT P, VLAEMINCK S E. Used water and nutrients: recovery perspectives in a 'panta rhei' context ［J］. Bioresource Technology, 2016, 36 (3) 199-208.

［8］ ROY S, MARIE A. Food and agricultural organization of the United Nations ［J］. Australian Veterinary Journal, 2006, 35 (3): 105-110.

［9］ BOLAND M J, RAE A N, VEREIJKEN J M, et al. The future supply of animal-derived protein for human consumption ［J］. Trends in Food Science & Technology, 2013, 29 (1): 62-73.

［10］ FAKHAR-UN-NISA Y, MUHAMMAD N, et al. Single-cell protein production through microbial conversion of lignocellulosic residue (wheat bran) for animal feed ［J］.

Journal of the Institute of Brewing, 2015, 121 (4):
553-557.

[11] NASSERI A T, RASOUL-AMINI S, MOROWVAT M H, et al. Single cell protein: production and process [J]. American Journal of Food Technology, 2011, 6 (2): 103-116.

[12] JONES S W, KARPOL A, FRIEDMAN S, et al. Recent advances in single cell protein use as a feed ingredient in aquaculture [J]. Current Opinion in Biotechnology, 2020, 61: 189-197.

[13] MCDERMOTT G, REECE E, RENWICK J. Microbiology of thecystic fibrosis airway - science direct [J]. Encyclopedia of Microbiology (Fourth Edition), 2019, 21 (1): 186-198.

[14] JAMAL P, ALAM M Z, SALLEH N U. Medai optimization for bioproteins productions from cheaper carbon source [J]. Journal of Engineering Science and Technology, 2008, 3 (2): 124-130.

[15] AGGELOPOULOS T, KATSIERIS K, BEKATOROU A, et al. Solid state fermentation of food waste mixtures for single cell protein, aroma volatiles and fat production [J]. Food Chemistry, 2014, 145 (15): 710-716.

[16] PARASKEVOPOULOU A, ATHANASIADIS I, KANELLAKI M, et al. Functional properties of single cell protein produced by kefir microflora [J]. Food Research International, 2003, 36 (5): 431-438.

[17] ANUPAMA, RAVINDRA P. Value added food: single cell protein [J]. Biotechnology Advances, 2000, 18 (6): 459-479.

［18］ GAO L, CHI Z, SHENG J, et al. Single – cell protein production from Jerusalem artichoke extract by a recently isolated marine yeast Cryptococcus aureus G7a and its nutritive analysis ［J］. Applied Microbiology & Biotechnology, 2007, 77 (4): 825–832.

［19］ VOLTOLINA D, HERLINDA GÓMEZ – VILLA, CORREA G. Nitrogen removal and recycling by scenedesmus obliquus in semicontinuous cultures using artificial wastewater and a simulated light and temperature cycle ［J］. Bioresource Technology, 2005, 96 (3): 359–362.

［20］ ZEPKA L Q, JACOB – LOPES E, GOLDBECK R, et al. Production and biochemical profile of the microalgae Aphanothece microscopica Ngeli submitted to different drying conditions ［J］. Chemical Engineering & Processing Process Intensification, 2008, 47 (8): 1305–1310.

［21］ GAO Y, LI D, LIU Y. Production of single cell protein from soy molasses using Candida tropicalis ［J］. Annals of Microbiology, 2012, 62 (3): 1165–1172.

［22］ KHAN R. Replacement of soybean meal with yeast single cell protein in broiler ration: the effect on performance traits ［J］. Pakistan Journal of Zoology, 2014, 46 (6): 1753–1758.

［23］ MA T, CHEN M, WANG C, et al. Study on the environment – resource – economy comprehensive efficiency evaluation of the biohydrogen production technology ［J］. International Journal of Hydrogen Energy, 2013, 38 (29): 13062–13068.

［24］ MENG F, ZHANG G, YANG A, et al. Bioconversion of wastewater by photosynthetic bacteria: Nitrogen source range, fundamental kinetics of nitrogen removal, and biomass accumulation [J]. Bioresource Technology Reports, 2018, 4 (6): 9-15.

[25] GERVASI T, PELLIZZERI V, CALABRESE G, et al. Production of single cell protein (SCP) from food and agricultural waste by using Saccharomyces cerevisiae [J]. Natural Product Research, 2017, 32 (6): 1332617.

[26] KIELISZEK M, KOT A M, ANNA BZDUCHA-WRÓBEL, et al. Biotechnological use of Candida yeasts in the food industry: a review [J]. Fungal Biology Reviews, 2017, 31 (4): 185-198.

[27] MATASSA S, VERSTRAETE W, PIKAAR I, et al. Autotrophic nitrogen assimilation and carbon capture for microbial protein production by a novel enrichment of hydrogen-oxidizing bacteria [J]. Water Research, 2016, 101 (6): 137-146.

[28] ROSMA A, LIONG M T, MOHD AZEMI M N, et al. Optimization of single cell protein production by candida utilis using juice extracted from pineapple waste through response surface methodology [J]. Malaysian Journal of Microbiology, 2005, 1 (1): 18-24.

[29] MEKONNEN M M, HOEKSTRA A Y. Water footprint benchmarks for crop production: a first global assessment [J]. Ecological Indicators, 2014, 46 (3): 214-223.

[30] VERMEULEN S J, CAMPBELL B M, INGRAM J S I. Climatechange and food systems [J]. Social Science Electronic Publishing, 2012, 37 (1): 195-222.

[31] OLIEN R M. British petroleum and global oil, 1950—

1975: the challenge of nationalism [J]. Business History Review, 2001, 75 (4): 652-654.

[32] MARGARETH A, ANNE - HELENE T. Evaluation of methane- utilising bacteria products as feed ingredients for monogastric animals [J]. Archives of Animal Nutrition, 2010, 64 (3): 171-189.

[33] WU J, HU J, ZHAO S, et al. Single - cell protein and xylitol Production by a novel yeast strain candida intermedia FL023 from lignocellulosic hydrolysates and xylose [J]. Applied Biochemistry and Biotechnology, 2017, 185 (6): 163-178.

[34] AKINTUNDE J. Single cell proteins: as nutritional enhancer [J]. Advances in Applied Science Research, 2011, 23 (5): 396-409.

[35] 凌晓, 郭刚, 许庆方, 等. 高氨氮利用酵母菌的筛选及相关酶活性 [J]. 微生物学通报, 2020, 47 (12): 4042-4049.

[36] 凌晓, 玉柱, 许庆方, 等. 酵母菌氨同化机理及在动物生产中的研究进展 [J]. 饲料研究, 2020, 43 (11): 131-134.

[37] 赵莹彤, 浑婷婷, 詹悦维, 等. 基于微流控的真菌单细胞捕获和培养 [J]. 微生物学通报, 2019, 46 (3): 522-530.

[38] RAVINDER R, RAO L V, RAVINDRA P. Studies onaspergillus oryzae mutants for the production of single cell proteins from deoiled rice bran [J]. Food Technology & Biotechnology, 2003, 2 (3): 243-246.

[39] UGALDE U O, CASTRILLO J I. Single cell proteins from fungi and yeasts [J]. Applied Mycology and Biotechnology,

2002, 2 (2): 123-149.

[40] TURNBULL W H, LEEDS A R, EDWARDS D G. Mycoprotein reduces blood lipids in free – living subjects [J]. The American Journal of Clinical Nutrition, 1992, 55 (2): 415-419.

[41] LANG V, BELLISLE F. Varying the protein source in mixed meal modifies glucose, insulin and glucagon kinetics in healthy men, has weak effects on subjective satiety and fails to affect food intake [J]. European Journal of Clinical Nutrition, 1999, 53 (3): 959-965.

[42] BECKER W, RICHMOND A. Microalgae inhuman and animal nutrition [J]. Handbook of Microalgal Culture Biotechnology & Applied Phycology, 2004, 31 (6): 312-351.

[43] CZERPAK R, PIOTROWSKA A. Biochemical activity of biochanin A in the green alga chlorella vulgaris beijerinck (*Chlorophyceae*) [J]. Polish Journal of Environmental Studies, 2003, 12: 163-169.

[44] MANDALAM R K, PALSSON B O. Elemental balancing of biomass and medium composition enhances growth capacity in high–density Chlorella vulgaris cultures [J]. Biotechnology & Bioengineering, 2015, 59 (5): 605-611.

[45] BECKER E W. Micro – algae as a source of protein [J]. Biotechnology Advances, 2007, 25 (2): 207 – 210.

[46] DALLAIRE V, LESSARD P, VANDENBERG G, et al. Effect of algal incorporation on growth, survival and carcass composition of rainbow trout (*Oncorhynchus mykiss*) fry [J]. Bioresource Technology, 2007, 98

(7): 1433-1439.

[47] CHEN C Y, YEH K L, SU H M, et al. Strategies to enhance cell growth and achieve high-level oil production of a Chlorella vulgaris isolate [J]. Biotechnology Progress, 2010, 26 (3): 679-686.

[48] LI X. Large - scale biodiesel production from microalga Chlorella protothecoides through heterotrophic cultivation in bioreactors [J]. Biotechnology & Bioengineering, 2010, 98 (4): 764-771.

[49] SHI X M, ZHANG X W, CHEN F. Heterotrophic production of biomass and lutein by Chlorella protothecoides on various nitrogen sources [J]. Enzyme & Microbial Technology, 2000, 27 (3-5): 312-318.

[50] YAMAMOTO T, UNUMA T. The influence of dietary protein and fat levels on tissue free amino acid levels of fingerling rainbow trout (Oncorhynchus mykiss) [J]. Aquaculture, 2000, 182 (3): 353-372.

[51] MESECK S L, ALIX J H, WIKFORS G H. Photoperiod and light intensity effects on growth and utilization of nutrients by the aquaculture feed microalga, Tetraselmis chui (PLY-429) [J]. Aquaculture, 2005, 246 (1-4): 393-404.

[52] UGWU C U, AOYAGI H, UCHIYAMA H. Influence of irradiance, dissolved oxygen concentration, and temperature on the growth of Chlorella sorokiniana [J]. Photosynthetica, 2007, 45 (2): 309-311.

[53] RAJA R, HEMAISWARYA S, KUMAR N A, et al. A perspective on the biotechnological potential of microalgae [J]. Critical Reviews in Microbiology, 2008, 34 (2): 77-88.

[54] MAHASNEH I A. Production of single cell protein from five strains of the microalga *Chlorella* spp. (*Chlorophyta*) [J]. Cytobios, 1997, 90 (362-363): 153-161.

[55] ØVERLAND M, KARLSSON A, MYDLAND L T, et al. Evaluation of Candida utilis, Kluyveromyces marxianus and *Saccharomyces cerevisiae* yeasts as protein sources in diets for Atlantic salmon (*Salmo salar*) [J]. Aquaculture, 2013, 402-403: 1-7.

[56] ØVRUM H J, HOFOSSAETER M, SAHLMANN C, et al. Effect of Candida utilis on growth and intestinal health of Atlantic salmon (*Salmo salar*) parr [J]. Aquaculture, 2019, 511 (3): 734239-734239.

[57] GUO J, QIU X, SALZE G, et al. Use of high-protein brewer's yeast products in practical diets for the Pacific white shrimp Litopenaeus vannamei [J]. Aquaculture Nutrition, 2019, 25 (6): 680-690.

[58] GUO J, REIS J, SALZE G, et al. Using high protein distiller's dried grain product to replace corn protein concentrate and fishmeal in practical diets for the Pacific white shrimp Litopenaeus vannamei [J]. Journal of the World Aquaculture Society, 2019, 50 (5): 983-992.

[59] XIONG J, YUAN Y, LUO J, et al. Effects of yeast hydrolysate on the growth performance, digestive enzyme activity, and intestinal morphology of Litopenaeus vannamei [J]. Journal of Fishery Sciences of China, 2018, 25 (5): 1012-1021.

[60] AAS T S, GRISDALE-HELLAND B, TERJESEN B F, et al. Improved growth and nutrient utilisation in Atlantic salmon (*Salmo salar*) fed diets containing a bacterial

protein meal ［J］. Aquaculture, 2006, 259（1－4）: 365-376.

［61］ ROMARHEIM O H, OVERLAND M, MYDLAND L T, et al. Bacteria grown on natural gas prevent soybean meal-induced enteritis in Atlantic salmon. ［J］. Journal of Nutrition, 2011, 141（1）: 124-130.

［62］ MICHAEL T, ANDREW R, JOSSEPH T S, et al. A transdisciplinary approach to the initial validation of a single cell protein as an alternative protein source for use in aquafeeds ［J］. Peerj, 2017, 5: e3170.

［63］ HARDY R W, PATRO B, PUJOL－BAXLEY C, et al. Partial replacement of soybean meal with Methylobacterium extorquens single－cell protein in feeds for rainbow trout（*Oncorhynchus mykiss Walbaum*）［J］. Aquaculture Research, 2018, 49（5）: 2218-2224.

［64］ CHUMPOL S, KANTACHOTE D, NITODA T, et al. Administration of purple nonsulfur bacteria as single cell protein by mixing with shrimp feed to enhance growth, immune response and survival in white shrimp（*Litopenaeus vannamei*）cultivation ［J］. Aquaculture Amsterdam, 2018, 489（6）: 85-95.

［65］ HAMIDOGHLI A, YUN H, WON S, et al. Evaluation of a single－cell protein as a dietary fish meal substitute for whiteleg shrimp Litopenaeus vannamei ［J］. Fisheries Science, 2018, 85（1）: 147-155.

［66］ HARDY R W, PATRO B, PUJOL－BAXLEY C, et al. Partial replacement of soybean meal with Methylobacterium extorquens single－cell protein in feeds for rainbow trout（*Oncorhynchus mykiss Walbaum*）［J］. Aquaculture Research, 2018, 49 (3): 2218-2224.

[67] DANTAS E M, VALLE B C S, BRITO C M S, et al. Partial replacement of fishmeal with biofloc meal in the diet of postlarvae of the Pacific white shrimp Litopenaeus vannamei [J]. Aquaculture Nutrition, 2016, 22 (5): 335-342.

[68] YANG A, ZHANG G, MENG F, et al. Enhancing protein to extremely high content in photosynthetic bacteria during biogasslurry treatment [J]. Bioresource Technology, 2017, 245 (3): 1277-1281.

[69] FERREIRA I, PINHO O, VIEIRA E, et al. Brewer's Saccharomyces yeast biomass: characteristics and potential applications [J]. Trends in Food Science & Technology, 2010, 21 (2): 77-84.

[70] SABBIA J A, KALSCHEUR K F, GARCIA A D, et al. Soybean meal substitution with a yeast – derived microbial protein source in dairy cow diets [J]. Journal of Dairy Science, 2012, 95 (10): 5888-5900.

[71] ANUPAMA, RAVINDRA P. Value addedfood: single cell protein [J]. Biotechnology Advances, 2000, 18 (6): 459-479.

[72] QIN L, LIU L, WANG Z, et al. Efficient resource recycling from liquid digestate by microalgae – yeast mixed culture and the assessment of key gene transcription related to nitrogen assimilation in microalgae [J]. Bioresource Technology, 2018, 264 (5): 90-97.

[73] TAWAKALITU E A, OGUGUA C A, AKEEM O R, et al. Protein enrichment of yam peels by fermentation with *Saccharomyces cerevisiae* (BY4743) [J]. Annals of

Agricultural Sciences, 2017, 62 (3): 33-37.

[74] TAELMAN S E, MEESTER S D, ROEF L, et al. The environmental sustainability of microalgae as feed for aquaculture: a life cycle perspective [J]. Bioresource Technology, 2013, 150 (5): 513-522.

[75] BHALLA T C, JOSHI M. Protein enrichment of apple pomace by co – culture of cellulolytic moulds and yeasts [J]. World Journal of Microbiology Biotechnology, 1994, 10 (1): 116-117.

[76] FAM R R S, HIONG K C, CHOO C Y L, et al. Molecular characterization of a novel algal glutamine synthetase (GS) and an algal glutamate synthase (GOGAT) from the colorful outer mantle of the giant clam, Tridacnasquamosa, and the putative GS – GOGAT cycle in its symbiotic zooxanthellae [J]. Gene, 2018, 656 (2): 40-52.

[77] GARCIA R E, GUTIERREZ A, SALVADO Z, et al. The fitness advantage of commercial wine yeasts in relation to the nitrogen concentration, temperature, and ethanol content under microvinification conditions [J]. Applied and Environmental Microbiology, 2014, 80 (2): 704-713.

[78] KINGSBURY J M, GOLDSTEIN A L, MCCUSKER J H. Role ofnitrogen and carbon transport, regulation, and metabolism genes for *Saccharomyces cerevisiae* survival in vivo [J]. Eukaryotic Cell, 2006, 5 (5): 816-824.

[79] BRO C, REGENBERG B, NIELSEN J. Genome – wide transcriptional response of a *Saccharomyces cerevisiae* strain with an altered redox metabolism [J]. Biotechnology and Bioengineering, 2004, 85 (3): 269-276.

［80］ RACHEL R S, KUM C H, CELINE Y L C, et al. Molecular characterization of a novel algal glutamine synthetase （GS） and an algal glutamate synthase （GOGAT） from the colorful outer mantle of the giant clam, Tridacna squamosa, and the putative GS-GOGAT cycle in its symbiotic zooxanthellae ［J］. Gene, 2018, 656 （5）: 40-52.

［81］ ANATHI M, RAFAEL J L M, ALEYSIA K, et al. Glutamate dehydrogenase is essential in the acclimation of Virgilia divaricata, a legume indigenous to the nutrient-poor Mediterranean-type ecosystems of the Cape Fynbos ［J］. Journal of Plant Physiology, 2019, 243 （3）: 153053-153053.

［82］ 侯海, 罗超, 陈中豪, 等. 谷氨酸脱氢酶与几种肿瘤的关系 ［J］. 生物工程学报, 2019, 35 （3）: 389-395.

［83］ SIEG A G, TROTTER P J. Differential contribution of the proline and glutamine pathways to glutamate biosynthesis and nitrogen assimilation in yeast lacking glutamate dehydrogenase ［J］. Microbiological Research, 2014, 169 （9-10）: 709-716.

［84］ HOLMES A R, COLLNGS A, FARNDEN K J F, et al. Ammonium assimilation by Candida albicans and other yeasts: evidence for activity of glutamate synthase ［J］. Microbiology, 1989, 135 （6）: 1423-1430.

［85］ AWENDA O A, DELUNA A, OLIWERA H, et al. GDH3 encodes a glutamate dehydrogenase isozyme, a previously unrecognized route for glutamate biosynthesis in Saccharomyces cerevisiae ［J］. Journal of Bacteriology, 1997, 179 （17）: 5594-5597.

[86] FOLCH J L, ANTARAMIAN A, RODRIGUEZ L, et al. Isolation and characterization of a saccharomyces cerevisiae mutant with impaired glutamate synthase activity [J]. Journal of Bacteriology, 1989, 171 (12): 6776-6781.

[87] 王芃芃, 谭支良. 反刍动物瘤胃微生物氨同化作用研究进展 [J]. 动物营养学报, 2010, 22 (5): 1171-1176.

[88] 程谊, 张金波, 蔡祖聪. 土壤中无机氮的微生物同化和非生物固定作用研究进展 [J]. 土壤学报, 2012, 49 (5): 1030-1036.

[89] QIN L, LIU L, WANG Z, et al. Efficient resource recycling from liquid digestate by microalgae - yeast mixed culture and the assessment of key gene transcription related to nitrogen assimilation in microalgae [J]. Bioresource Technology. 2018, 264 (5): 90-97.

[90] KINGSBURY J M, GOLDSTEIN A L, MCCUSKER J H. Role of nitrogen and carbon transport, regulation, and metabolism genes for *Saccharomyces cerevisiae* survival *in vivo* [J]. Eukaryotic Cell, 2006, 5 (5): 816-824.

[91] COOPER T G. Regulation of allantoin catabolism in *Saccharomyces cerevisiae* [M] //Biochemistry and Molecular Biology. Washington, D. C.: Mineralogical Society of America, 1996.

[92] SCHURE E G T, RIEL N A W V, VERRIPS C T. The role of ammonia metabolism in nitrogen catabolite repression in Saccharomyces cerevisiae [J]. FEMS Microbiology Reviews, 2000, 24 (1): 67-83.

[93] PARTOW S, HYLAND P B, MAHADEVAN R. Synthetic rescue couples NADPH generation to metabolite

overproduction in Saccharomyces cerevisiae [J]. Metabolic Engineering, 2017, 43 (5): 64-70.

[94] KHAN A. Crystal Structure of NAD-dependentpeptoniphilus asaccharolyticus glutamate dehydrogenase reveals determinants of cofactor specificity [J]. Journal of Structural Biology, 2012, 177 (2): 543-552.

[95] JAIME B, STEPHEN T, RICHARD A D. Development and commercialization of reduced lignin alfalfa [J]. Current Opinion in Biotechnology, 2019, 56 (3): 48 - 54.

[96] CARLOS R S, LUCIANA P, VANDENBERGHE S. Overview of applied solid - state fermentation in Brazil [J]. Biochemical Engineering Journal, 2003, 13 (2): 5-18.

[97] HAI-CHENG Y, JIN H. Effects of soybean meal replacement with fermented alfalfa meal on the growth performance, serum antioxidant functions, digestive enzyme activitie, and cecal microflora of geese [J]. Journal of Integrative Agriculture, 2016, 15 (9): 2077-2086.

[98] YAN X B, LIU Q W, WANG C Z, et al. Effect of feeding with fresh alfalfa forage on growth performance and blood physiological - biochemical indexes of Boer goat [J]. Acta Agrestia Sinica, 2010, 18 (3): 456-461.

[99] SHI Y H, WANG C Z, CHEN M L, et al. Effects of alfalfa hay meal on growth performance, antioxidant and immune values of Sichuan white geese [J]. Pratacultural ence, 2011, 28 (5): 841-847.

[100] THACKER P A, HAQ I. Nutrient digestibility, performance and carcass traits of growing-finishing pigs fed diets contai-

ning graded levels of dehydrated lucerne meal [J]. Journal of the Science of Food & Agriculture, 2010, 88 (11): 2019-2025.

[101] CHENG Y Q, HU Q, LI L T, et al. Production of sufu, a traditional chinese fermented soybean food, by fermentation with mucor flavus at low temperature [J]. Food Science and Technology Research, 2009, 15 (4): 47-52.

[102] BEHERA S S, RAY R C. Solid state fermentation for production of microbial cellulases: recent advances and improvement strategies [J]. International Journal of Biological Macromolecules, 2016, 86 (5): 656-669.

[103] CARLOS R S, EDUARDO S, LUIZ A J, et al. Recent developments and innovations in solid state fermentation [J]. Biotechnology Research and Innovation, 2017, 32 (5): 52-71.

[104] PANDEY A. Solid-state fermentation [J]. Biochemical Engineering Journal, 2003, 13 (2-3): 81-84.

[105] 杨立杰, 薛新升, 宋青龙, 等. 固态发酵醋糟饲料对育肥猪生长性能, 养分表观消化率, 血清指标及粪便中挥发性脂肪酸含量的影响 [J]. 动物营养学报, 2020, 32 (4): 119-128.

[106] SOCCOL C R, COSTA E S F D, LETTI L, et al. Recent developments and innovations in solid state fermentation [J]. Biotechnology Research and Innovation, 2017: S2-452072116300144.

[107] THOMAS L, LARROCHE L, ASHOK PANDEY A. Current developments in solid-state fermentation [J]. Biochemical Engineering Journal, 2013, 81

(1): 146-161.

[108] AJILA C M, BRAR S K, VERMA M, et al. Bio-processing of agro-byproducts to animal feed [J]. Critical Reviews in Biotechnology, 2012, 32 (4): 382-400.

[109] RAMACHANDRAN S, SINGH S K, LARROCHE C, et al. Oil cakes and their biotechnological applications—a review [J]. Bioresource Technology, 2007, 98 (10): 2000-2009.

[110] CANIBE N, JENSEN B B. Fermented liquid feed - Microbial and nutritional aspects and impact on enteric disease in pigs [J]. Pork Journal, 2012, 173 (3): 17-40.

[111] HU Y, WANG Y, LI A, et al. Effects of fermented rapeseed meal on antioxidant functions, serum biochemical parameters and intestinal morphology in broilers [J]. Food and Agricultural Immunology, 2015, 27 (2): 182-193.

[112] ALSHELMANI M I, LOH T C, FOO H L, et al. Effect of feeding different levels of palm kernel cake fermented by *Paenibacillus polymyxa* ATCC 842 on nutrient digestibility, intestinal morphology and gut microflora in broiler chickens [J]. Animal Feed Science and Technology, 2016, 216 (3): 216-224.

[113] ALSHELMANI M I, LOH T C, FOO H L, et al. Effect of feeding different levels of palm kernel cake fermented by *Paenibacillus polymyxa* ATCC 842 on broiler growth performance, blood biochemistry, carcass characteristics and meat quality [J]. Animal Production Science, 2017a, 57 (5): 839-48.

[114] MICHAELA E, MILOŠ S, TOMÁŠ V. Alfalfa meal as

a source of carotenoids in combination with ascorbic acid in the diet of laying hens [J]. Czech Journal of Animal Science, 2019, 64 (1): 17-25.

[115] CHEN M, CHEN X Q, TIAN L X, et al. Enhanced intestinal health, immune responses and ammonia resistance in Pacific white shrimp (*Litopenaeus vannamei*) fed dietary hydrolyzed yeast (*Rhodotorula mucilaginosa*) and *Bacillus licheniformis* [J]. Aquaculture Reports, 2020, 7 (2): 100385.

[116] TENG P Y, CHANG C L, HUANG C M, et al. Effects of solid – state fermented wheat bran by *Bacillus amyloliquefaciens* and *Saccharomyces cerevisiae* on growth performance and intestinal microbiota in broiler chickens [J]. Italian Journal of Animal Science, 2017, 16 (4): 552-562.

[117] ANWAR A, WAN A H, OMAR S, et al. The potential of a solid – state fermentation supplement to augment white lupin (*Lupinus albus*) meal incorporation in diets for farmed common carp (*Cyprinus carpio*) [J]. Aquaculture Reports, 2020, 17: 100348.

[118] HASSAAN M S, MAGDY A S, AHMED M, et al. Nutritive value of soybean meal after solid state fermentation with Saccharomyces cerevisiae for Nile tilapia, Oreochromis niloticus [J]. Animal Feed Science and Technology, 2015, 201 (3): 89-98.

[119] SUBRAMANIYAM R, VIMALA R. Solid state and submerged fermentation for the production of bioactive substances: a comparative study [J]. International Journal of Science and Nature 2012, 3 (1): 480-486.

[120] THOMAS L, LARROCHE C, PANDEY A. Recent process developments in solid – state fermentation [J]. Process Biochemisry, 2013, 27 (2): 109-117.

[121] PANDEY A. Solid – state fermentation [J]. Biochemical Engineering Journal, 2003, 13 (2-3): 81-84.

[122] GOWTHAMAN M K, KRISHNA C, MOO – YOUNG M. Fungal solid state fermentation: an overview [J]. Applied Mycology and Biotechnology, 2001, 2 (3): 305-352.

[123] RENGE V C, KHEDKAR S V, NANDURKAR N R. Enzyme synthesis by fermentation method: a review. Scientific Reviews Chemical Communications, 2012, 2 (4): 585-590.

[124] NORAZIAH A Y, RAQUEL B, DIMITRIOS K, et al. Solid – State Fermentation as a novel paradigm for organic waste valorization: a review [J]. Sustainability, 2017, 9 (2): 224.

[125] LÓPEZ-PÉREZ, MARCOS, VINIEGRA – GONZÁLEZ, et al. Production of protein and metabolites by yeast grown in solid state fermentation: present status and perspectives [J]. Journal of Chemical Technology & Biotechnology, 2016, 91 (5): 1224-1231.

[126] COUTO S R, SANROMAN M A. Application of solid–state fermentation to food industry: a review [J]. Journal of Food Engineering, 2006, 76 (3): 291-302.

[127] SINGHANIA R R, PATEL A K, SOCCOL C R, et al. Recent advances in solid – state fermentation [J]. Biochemical Engineering Journal, 2009, 44 (1): 13-18.

[128] MARTINS S, MUSSATTO S I, MARTÍNEZ-AVILA G, et al. Bioactive phenolic compounds: production and extraction by solid - state fermentation (a review) [J]. Biotechnology Advances, 2011, 29 (3): 365 - 373.

[129] FARINAS C S. Developments in solid-state fermentation for the production of biomass-degrading enzymes for the bioenergy sector [J]. Renewable & Sustainable Energy Reviews, 2015, 52 (12): 179-188.

[130] CHEN H Z, HE Q. Value-added bioconversion of biomass by solid - state fermentation [J]. Journal of Chemical Technology & Biotechnology, 2012, 87 (12): 1619-1625.

[131] BARRIOS-GONZALEZ J. Solid - state fermentation: physiology of solid medium, its molecular basis and applications [J]. Process Biochemistry, 2012, 47 (2): 175-185.

[132] MAO M, WANG P, SHI K, et al. Effect of solid state fermentation by Enterococcus faecalis M2 on antioxidant and nutritional properties of wheat bran [J]. Journal of Cereal Science, 2020, 94 (10): 102997

[133] CHI C H, CHO S J. Improvement of bioactivity of soybean meal by solid - state fermentation with Bacillus amyloliquefaciens versus Lactobacillus spp. and Saccharomyces cerevisiae [J]. LWT - Food Science and Technology, 2016, 68 (5): 619-625.

[134] MOHAMED H, ALI A, TRI W, et al. Optimization of process conditions for tannin content reduction in cassava leaves during solid state fermentation using Saccharomyces cerevisiae [J]. Heliyon, 2019, 5: e02298.

[135] DING G, CHANG Y, ZHAO L, et al. Effect of *Saccharomyces cerevisiae* on alfalfa nutrient degradation characteristics and rumen microbial populations of steers fed diets with different concentrate－to－forage ratios [J]. Journal of Animal Science & Biotechnology, 2014, 5 (1): 24-31.

[136] QUEIROZ S V A, NASCIMENTO C G, SCHIMIDT C A P, et al. Solid－state fermentation of soybean okara: isoflavones biotransformation, antioxidant activity and enhancement of nutritional quality [J]. LWT－Food Science and Technology, 2018, 92 (3): 509-515.

[137] SHI H, ZHANG M, WANG W Q, et al. Solid－state fermentation with probiotics and mixed yeast on properties of okara [J]. Food Bioscience, 2020, 36: 100610.

[138] ONOH I M, UDEH B C, MBAH G O. Protein Enrichment of potato peels using saccharomyces cerevisiae via solid－state fermentation process [J]. Advances in Chemical Engineering and Science, 2019, 9 (1): 99-108.

[139] DARWISH, GALILA A M A, BAKR A A, et al. Nutritional value upgrading of maize stalk by using Pleurotus ostreatus and Saccharomyces cerevisiae in solid state fermentation [J]. Annals of Agricultural Sciences, 2012, 57 (1): 47-51.

[140] 杜连祥, 路福平. 微生物学实验技术 [M] 北京: 中国轻工业出版社, 2010.

[141] BRADFORD M M. A rapid and sensitive method for the quantitation of microgram quantities of protein utilizing the principle of protein－dye binding [J]. Analytical Biochemistry, 1976, 72 (1-2): 248-254.

[142] WEATHERBURN M W. Phenol–Hypochlorite reaction for determination of ammonia [J]. Analytical Chemistry, 1967, 39 (8): 971–974.

[143] EELKO G, TER S, SILLJE H W, et al. The concentration of ammoniaRegulates nitrogen metabolism in *Saccharomyces cerevisiae* [J]. Journal of Bacterlology, 1995, 177 (22): 6672–6675.

[144] MINKEVICH I G, SOBOTKA M, VRANA D, et al. Continuous growth of Canadia utilisunder periodic change of growth–limiting substrate [J]. Folia Microbiologica, 1990, 35 (3): 251–265.

[145] 马霞飞, 郭艳丽, 张铁鹰. 非蛋白氮利用能力酵母菌的筛选与诱变 [J]. 中国畜牧兽医, 2018, 45 (10): 2724–2732.

[146] 曾德霞. 酵母菌及细菌对氨基酸母液的利用研究 [D]. 武汉: 武汉轻工大学, 2016.

[147] 曹玉飞. 耐高温酵母菌高氨氮同化率菌株的筛选和发酵条件研究 [D]. 武汉: 武汉轻工大学, 2014.

[148] HRISTOZOVA T, GOTCHEVA V, TZVETKOVA B, et al. Effect of furfural on nitrogen assimilating enzymes of the lactose utilizing yeasts *Candida blankii* 35 and *Candida pseudotropicalis* 11 [J]. Enzyme & Microbial Technology, 2008, 43 (3): 284–288.

[149] GROAT R G, VANCE C P. Root andnodule enzymes of ammonia assimilation in two plant–conditioned symbiotically ineffective genotypes of alfalfa (*Medicago sativa* L.) [J]. Plant Physiology, 1982, 69 (3): 614–618.

[150] WANG P, TAN Z, GUAN L, et al. Ammonia and amino acids modulates enzymes associated with ammonia assimi-

lation pathway by ruminal microbiota in vitro [J]. Livestock Science, 2015, 178 (10): 130-139.

[151] YAN D. Protection of the glutamate pool concentration in enteric bacteria [J]. Proceedings of the National Academy of Sciences, 2007, 104 (22): 9475-9480.

[152] VALENZUELA L, S GUZMÁNLEÓN, CORIA R, et al. A NADP - glutamate dehydrogenase mutant of the petit-negative yeast Kluyveromyces lactis uses the gluta-mine synthetase-glutamate synthase pathway for glutamate biosynthesis [J]. Microbiology, 1995, 141 (10): 2443-2447.

[153] WANG P, TAN Z. Ammoniaassimilation in rumen bacte-ria: a review [J]. Animal Biotechnology, 2013, 24 (2): 107-128.

[154] MILLER E F, MAIER R J. Ammoniummetabolism enzymes aid helicobacter pylori acid resistance [J]. Journal of Bacteriology, 2014, 196 (17): 3074-3081.

[155] ERFLE J D, SAUER F D, MAHADEVAN S. Effect of ammonia concentration on activity of enzymes of ammonia assimilation and on synthesis of amino acids by mixed rumen bacteria in continuous culture. [J]. Journal of Dairy Science, 1977, 60 (7): 1064-1072.

[156] KUMAR R, TAWARE R, GAUR V S, et al. Influence of nitrogen on the expression of TaDof1 transcription factor in wheat and its relationship with photo synthetic and ammonium assimilating efficiency [J]. Molecular Biology Reports, 2009, 36 (8): 2209-2220.

[157] FINK D, FALKE D, WOHLLEBEN W, et al. Nitrogen me-tabolism in Streptomyces coelicolor A3 (2): modification

of glutamine synthetase I by an adenylyltransferase [J].
Microbiology, 1999, 145 (9): 2313-2322.

[158] SCHULZ A A, COLLETT H J, REID S J. Nitrogen and carbon regulation of glutamine synthetase and glutamate synthase in *Corynebacterium glutamicum* ATCC 13032 [J]. Fems Microbiology Letters, 2001, 205 (2): 361-367.

[159] TESCH M, GRAAF A D, SAHM H. In Vivo Fluxes in the ammonium - assimilatory pathways in corynebacterium glutamicum studied by 15N nuclear magnetic resonance [J]. Applied & Environmental Microbiology, 1999, 65 (3): 1099-1109.

[160] VAN SOEST P J, WINE R H. Use of detergent in the analysis of fibrous feed. IV: Determination of plant cell wall constituents [J]. Journal of the association of official analytical chemists, 1967, 50 (5): 50-55.

[161] QUEIROZ S V A, NASCIMENTO C G, SCHIMIDT C A P, et al. Solid - state fermentation of soybean okara: isoflavones biotransformation, antioxidant activity and enhancement of nutritional quality [J]. LWT - Food Science and Technology, 2018, 92 (10): 509-515.

[162] KASPROWICZ-POTOCKA M, ZAWORSKA A, GULE-WICZ P, et al. The effect of fermentation of high alkaloid seeds of lupinus angustifolius var. karo by saccharomyces cerevisieae, kluyveromyces lactis, and candida utilis on the chemical and microbial composition of products [J]. Journal of Food Processing and Preservation, 2018, 42 (2): e13487.

[163] LI S, JIN Z, HU D, et al. Effect of solid - state

fermentation with lactobacillus casei on the nutritional value, isoflavones, phenolic acids and antioxidant activity of whole soybean flour [J]. LWT-Food Science and Technology, 2020, 125 (6): 09264

[164] TENG P Y, CHANG C L, HUANG C M, et al. Effects of solid-state fermented wheat bran by bacillus amyloliquefaciens and saccharomyces cerevisiae on growth performance and intestinal microbiota in broiler chickens [J]. Italian Journal of Animal Science, 2017, 16 (4): 552-556.

[165] OLUKOMAIYA O O, ADIAMO O Q, FERNANDO W C, et al. Effect of solid - state fermentation on proximate composition, anti-nutritional factor, microbiological and functional properties of lupin flour [J]. Food Chemistry, 2020, 315 (11): 126238.

[166] DING G, CHANG Y, ZHAO L, et al. Effect of *Saccharomyces cerevisiae* on alfalfa nutrient degradation characteristics and rumen microbial populations of steers fed diets with different concentrate-to-forage ratios [J]. Journal of Animal ence & Biotechnology, 2014, 5 (1): 24-31.

[167] RASHAD M M, MAHMOUD A E, ABDOU H M, et al. Improvement of nutritional quality and antioxidant activities of yeast fermented soybean curd residue [J]. African Journal of Biotechnology, 2011, 10 (28): 5504-5513.

[168] FERREIRA L, PINHO O, VIEIRA E, et al. Brewer's Saccharomyces yeast biomass: characteristics and potential applications [J]. Trends in Food Science & Technology,

2010, 21 (2): 77-84.

[169] KASPROWICZ-POTOCKA M, ZAWORSKA A, FRANK-IEWICZ A. The nutritional value and physiological properties of diets with raw and candida utilis fermented lupine seeds in rats [J]. Food Technology & Biotechnology, 2015, 53 (4): 286-297.

[170] LI S, ZHANG Y, YIN S, et al. Analysis of microbial community structure and degradation of ammonia nitrogen in groundwater in cold regions [J]. Environmental Science and Pollution Research, 2020, 27 (8): 1-11.

[171] MINKEVICH I G, SOBOTKA M, VRANA D, et al. Continuous growth of Canadia utilisunder periodic change of growth-limiting substrate [J]. Folia Microbiologica, 1990, 35 (3): 251-265.

[172] WENG C V, HUA X Y, LIU S Q. Solid-state fermentation with *Rhizopus oligosporus* and *Yarrowia lipolytica* improved nutritional and flavour properties of okara [J]. LWT, 2018, 90 (12): 316-322.

[173] SHI H, ZHANG M, WANG W, et al. Solid-state fermentation with probiotics and mixed yeast on properties of okara [J]. Food Bioscience, 2020, 36 (10): 100610

[174] LI S, CHEN Y, LI K Y, et al. Characterization of physicochemical properties of fermented soybean curd residue by Morchella esculenta [J]. International Biodeterioration & Biodegradation, 2016, 109 (12): 113-118.

[175] QIU L, ZHANG M, BHANDARI B, et al. Size reduction of raw material powder: the key factor to affect the properties

of wasabi （*Eutrema yunnanense*） paste ［J］. Advanced Powder Technology, 2019, 30 (8): 1544-1550.

［176］ QUEIROZ S V A, NASCIMENTO C G, SCHIMIDT C A P, et al. Solid - state fermentation of soybean okara: isoflavones biotransformation, antioxidant activity and enhancement of nutritional quality ［J］. LWT - Food Science and Technology, 2018, 92 (5): 509-515.

［177］ CHIQUETTE J. Effect of dietary metabolizable protein level and live yeasts on ruminal fermentation and nitrogen utilization in lactating dairy cows on a high red clover silage diet ［J］. Animal Feed Science & Technology, 2016, 220 (10): 73-82.

［178］ MOORE J E, KUNKLE W E. Evaluation of equationsfor estimating voluntary intake of forages and forage-based diets ［J］. Journal of Animal Science, 1999, 2 (1): 204.

［179］ DÍAZ A, RANILLA M J, SARO C, et al. Influence of increasing doses of a yeast hydrolyzate obtained from sugarcane processing on *in vitro* rumen fermentation of two different diets and bacterial diversity in batch cultures and rusitec fermenters ［J］. Animal Feed Science & Technology, 2017, 232 (3): 129-138.

［180］ MOHAMED S. Nutritive value of soybean meal after solid state fermentation with *Saccharomyces cerevisiae* for Nile tilapia, *Oreochromis niloticus* ［J］. Animal Feed Science and Technology, 2015, 201 (10): 89-91.

［181］ LI Y, NISHINO N. Effects of inoculation of *Lactobacillus rhamnosus* and *Lactobacillus buchneri* on fermentation, aerobic stability and microbial communities in whole crop corn silage ［J］. Grassland Science, 2011, 57 (4):

184-191.

[182] OLSTORPE M, LYBERG K, LINDBERG J E, et al. Population diversity of yeasts and lactic acid bacteria in pig feed fermented with whey, wet wheat distillers' grains, or water at different temperatures [J]. Applied and environmental microbiology, 2008, 74 (6): 1696-1700.

[183] DRUVEFORS U A, Schnärer J. Mold-inhibitory activity of different yeast species during airtight storage of wheat grain [J]. Fems Yeast Research, 2005 (5): 373-378.

[184] JIAO J, GAI Q Y, NIU L L, et al. Enhanced production of two bioactive isoflavone aglycones in astragalus membranaceus hairy root cultures by combining deglycosylation and elicitation of immobilized edible aspergillus niger [J]. Journal of Agriculture Food Chemistry, 2017, 65 (41): 9078-9086.

[185] JIN S, WANG W, LUO M, et al. Enhanced extraction genistein from pigeon pea [*Cajanus cajan* (L.) Millsp.] roots with the biotransformation of immobilized edible *Aspergillus oryzae* and *Monacus anka* and *Antioxidant activity* evaluation [J]. Process Biochemistry, 2013, 48 (9): 1285-1292.

[186] NA G, YWZ A, YWJ A, et al. Improvement of flavonoid aglycone and biological activity of mulberry leaves by solid-state fermentation [J]. Industrial Crops and Products, 2020, 148 (6), 112287.

[187] LUO D, LI X, ZHAO L, et al. Regulation of phenolic release in corn seeds (*Zea mays* L.) for improving their

antioxidant activity by mix – culture fermentation with Monascus anka, *Saccharomyces cerevisiae* and *Bacillus subtilis* [J]. Journal of Biotechnology, 2021, 325 (10): 334-340.